KB182961

맛있는 요리를 만드는 레시피가 있는 것처럼 웃음, 힐링, 성장을 만드는 레시피도 있을까요?
레시피팩토리는 모호함으로 가득한 이 세상에서 당신의 작은 행복을 위한 간결한 레시피가 되겠습니다.

베이글 홀릭

BAGEL HOLIC

좋아하는 재료와 식감을 골라 내 취향에 맞는
나만의 베이글을 만들어 보세요!

우리나라에서 베이글이 이렇게까지 유행하리라고 그 누가 예상이나 했을까요? 몇몇 베이글 전문점들은 '오픈런'을 해야 겨우 맛볼 수 있는 영광이 주어지고, SNS에 앞다투어 베이글 인증샷을 남겨야 트렌드에 뒤쳐지지 않는, 그야말로 베이글 대유행의 시대입니다.

5년간의 호주 유학을 마치고 한국에 돌아왔을 때 마침 베이킹 붐이 일기 시작했고 유행처럼 클래스도 엄청난 속도로 늘어났어요. 디저트 카페를 오픈할 계획이었던 저는 우선 수업을 해본 후에 매장을 내자 생각했고 그렇게 시작한 일이 벌써 10년이 되었네요. 유명한 베이킹 클래스에서 하는 수업을 배워와서 너도나도 같은 수업을 하던 시기도 있었지요. 그러다 언제부터인가 남들과는 다른 진짜 내 수업을 하고 싶었습니다. 그래서 틈만 나면 전국에 손님이 몰리는 매장들을 찾아 다녔어요. 처음에는 맛을 흉내 냈고, 반복하다 보니 어느 순간부터 먹어보면 머리 속에 레시피가 만들어졌어요. 수업 때 수강생들에게 시식으로 내놓았는데 반응이 아주 좋았습니다. 테스트를 하면서 오히려 맛집보다 더 새롭고 더 만족스러운 메뉴가 나오기도 했지요.

베이글도 마찬가지였어요. 몇 해 전 베이글이 인기를 얻기 시작할 무렵 새벽기차를 타고 서울로 올라가 오픈 30분 전부터 줄을 서서 유명 베이글 전문점의 베이글을 먹어보고 테스트하기를 여러 차례. 우리나라 사람들이 선호하는 베이글의 맛을 찾으려 부단히 노력했고, 저만의 레시피로 수업을 열면서 입소문을 타고 전국과 해외에서 오시는 사장님들과 베이글 수업을 했어요. 덕분에 이렇게 책도 쓰게 되었고요.

사람들의 입맛도, 유행하는 빵들도 끊임없이 번뜩이다 사라지는 세상이지만 몇 년간 왕좌를 지키고 있는 베이글만큼은 예외이지 않을까 해요. 베이글은 다른 빵들에 비해 만드는 재료나 과정도 단순한 편이고 무엇보다 당이나 유제품의 비중이 낮아 요즘 사람들이 선호하는 건강한 식사빵으로 제격이지요. 게다가 필링이나 토핑, 다양한 스프레드로 얼마든지 변화도 줄 수 있고요.

책에서는 요즘 가장 핫한 3대 베이글 매장의 특별한 식감을 기준으로 뉴욕 오리지널에 가까운 단단하고 풍미 있는 베이글, 화덕 느낌의 바삭하면서 고소한 베이글, 그리고 몰랑쫀득하면서 촉촉한 베이글 세 가지로 구분해 소개하면서 개인 취향에 맞는 베이글을 만들 수 있도록 했어요. 나만의 베이글을 만들기 위해서는 일단 선호하는 식감을 고르고 기본 반죽을 익히는 게 먼저겠지요. 베이글의 기본 재료는 밀가루, 수분 재료(물, 우유, 요거트 등), 이스트, 소금이에요. 우선 밀가루의 선택에 따라 최종 베이글의 식감이 달라진다는 걸 알고 있어야 해요. 강력분이라도 각자 다른 맛과 식감을 가지고 있으니까요. 기본 반죽을 익혔다면 수없이 다양한 베이글을 만드는 건 어렵지 않아요. 어떤 재료라도 좋습니다. 달달한 초콜릿이나 말린 과일, 잼을 넣을 수도 있고 부추나 대파, 양파, 시금치 등의 채소도 어울려요. 토마토나 올리브, 아티초크, 허브 등으로 이국적인 맛도 낼 수 있겠지요. 참나물이나 미나리, 달래, 산마늘같은 우리땅에서 나는 제철 나물도 좋아요.

혹여 처음에 성공하지 못했더라도 실망하지 않았으면 해요. 꼼꼼히 레시피를 살피고 계량을 정확히 했다면 모양이 좀 못생겨도, 발효가 좀 부족하거나 넘쳐도 베이글 맛은 우리를 실망시키지 않을 겁니다. 제빵에 정답은 없어요. 그래서 한없이 어렵게도 느껴지고 막상 시작해보면 생각보다 괜찮은 결과를 얻기도 하지요. 맛있게 먹어줄 누군가를 위해 즐겁게 만들었다면 그걸로 최고의 빵을 구운 겁니다. 유명 베이글 매장의 맛을 재현해 보고 싶은 모든 분들에게도 이 책이 조금이나마 도움이 되었으면 합니다.

2024년 12월 재이의 비밀정원 최재희

CONTENTS

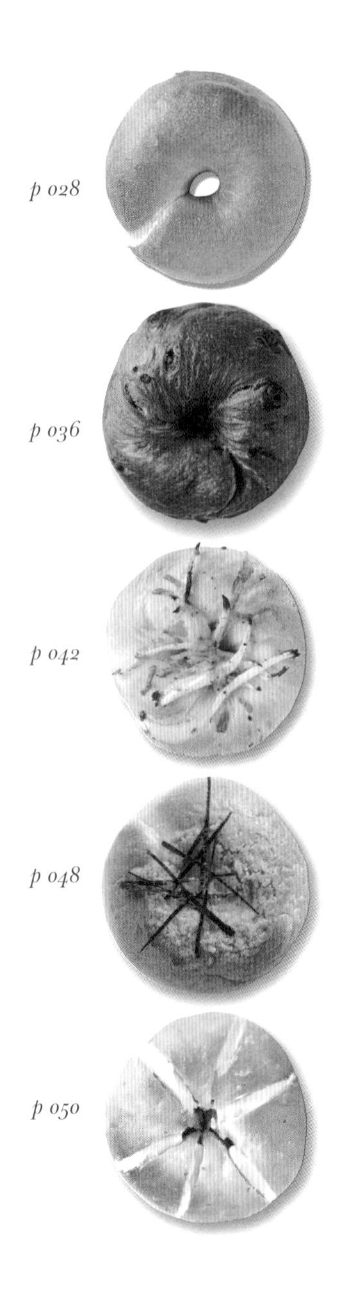

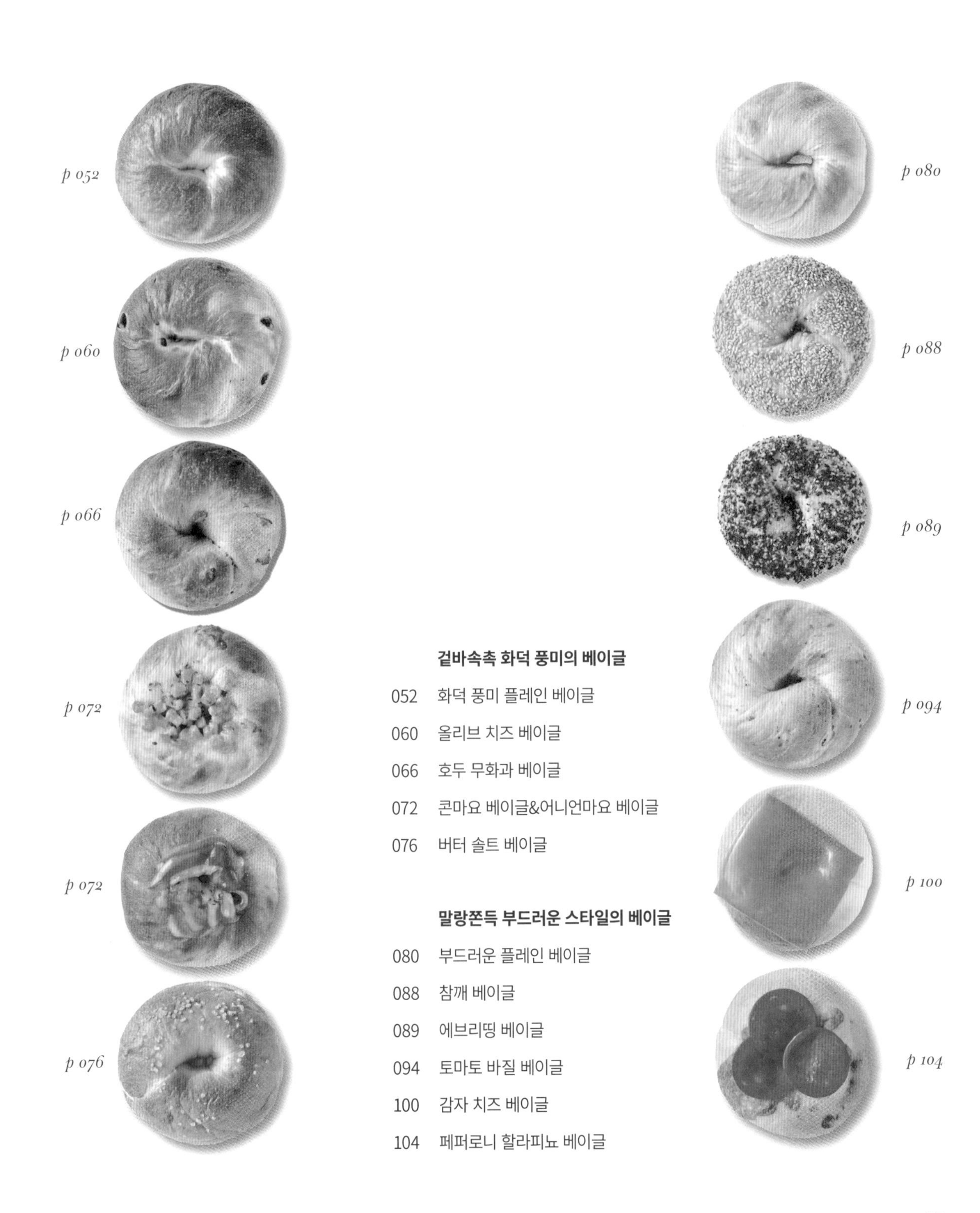

겉바속촉 화덕 풍미의 베이글

말랑쫀득 부드러운 스타일의 베이글

CHAPTER 2

골라먹는 재미, 베이글의 맛을 UP 시키는 스프레드&소스

CHAPTER 3
스프레드와 속재료의 다양한 조합 베이글 샌드위치

BONUS RECIPE
베이글과 함께 먹기 좋은 수프 3종&베이글 활용법

베이글의 무한 매력,
우리 함께 HOLIC 해볼까요?

불과 5~6년 전만 해도 딱딱한 빵이라는 인식이 강했고
일부 마니아층만이 즐기던 베이글. 그런데 지금은 그 위상이 많이 달라졌어요.
높은 가격대에도 불구하고 금세 품절되는 베이글 전문점들의
웨이팅 행렬은 몇 년째 이어지며 그 인기는 여전히 뜨겁습니다.

베이글의 인기만큼이나 식감도 다양해졌어요.
정통 뉴욕 스타일의 쫄깃한 베이글뿐만 아니라
겉은 바삭, 속은 촉촉한 베이글, 말랑 부드러운 베이글도
먹을수록 그 맛에 빠져들어요.

그대로도 맛있지만 스프레드에도, 샌드위치에도
잘 어울리는 베이글의 매력은 무한대.
그 매력을 함께 파헤치며 나의 최애 베이글을 찾아보세요.

베이글, 어떤 빵인지 궁금해요!

베이글(Bagel)은 가운데 구멍 뚫린 링 모양의 빵이에요. 글루텐 함량이 높은 밀가루에 이스트, 소금, 수분 재료(물, 우유, 요거트 등)를 넣고 만드는 심플한 맛이 특징이죠. 발효시킨 반죽을 끓는 물에 데친 후 오븐에서 굽는데, 이 과정을 통해 베이글 특유의 쫄깃한 식감이 생겨납니다. 다른 빵에 비해 수분량도 적어 단단하고 묵직해요.

베이글의 유래는 정확하게 알려진 게 없어요. 고대 이집트 시대의 '카악'이라는 가운데 구멍이 있는 크래커에서 유래했다는 설, 독일에서 폴란드로 제조법을 들여온 '프레첼'에서 만들어졌다는 설, 오스트리아 비엔나의 제빵사가 승마를 좋아하는 폴란드 왕을 위해 말안장의 발고리 모양으로 만든 게 지금의 베이글이 되었다는 설도 있어요. 여러 설이 있지만 폴란드를 비롯한 동유럽 유대인들을 중심으로 베이글이 주식으로 정착했고, 이 베이글은 19세기 뉴욕이 있는 미국 동부로 폴란드계 유대인들이 대거 이주하면서 전 세계로 널리 알려지게 되었습니다.

바쁜 뉴요커들은 이 베이글을 아침식사로 즐겨 먹어요. 다른 빵들에 비해 재료도, 과정도 단순한 편이고 무엇보다 당이나 유제품의 비중이 낮아 건강한 식사빵으로 제격이지요. 유럽빵처럼 발효가 길거나 기공을 살려 굽는 빵도 아니라서 노력 대비 근사한 결과물을 얻을 수 있어요. 보통 개당 100~120g으로 분할하고, 필링과 토핑은 자유자재로 응용할 수 있어요. 책에서는 식감을 좀 더 세분화해서 본인만의 베이글을 만들 수 있도록 했습니다.

내가 좋아하는 식감의 베이글은 어떤 타입?
식감별 베이글 고르기

베이글은 역시 쫄깃해야 제맛? 모르시는 말씀!
요즘 줄 서는 베이글 맛집에선 말랑하면서도 촉촉한 베이글이 대세랍니다.
식감에 따라 달라지는 재료와 특징을 꼼꼼히 비교해 보세요.

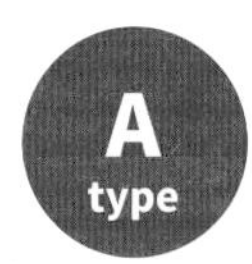

쫄깃쫀쫀 클래식 베이글(정통 뉴욕 스타일)

1. 강력분만 사용하기
2. 우유와 버터로 촉촉함 더하기
3. 12~24시간 1차 저온 발효하기

……> 12쪽으로 가기

겉바속촉 화덕 풍미 베이글(코끼리 베이글 스타일)

1. 강력분 + 박력분 함께 사용하기
2. 플레인 요거트와 포도씨유로 산미와 가벼운 식감 만들기
3. 사전발효반죽(풀리시) 사용하고 베이킹용 돌판 활용해서 굽기

……> 14쪽으로 가기

말랑쫀득 부드러운 베이글(런던 베이글 뮤지엄 스타일)

1. 강력분 + 변성전분(파인소프트) 함께 사용하기
2. 플레인 요거트와 버터로 산미와 촉촉함 더하기
3. 찰기 있게 반죽하고 베이킹소다 없이 데치기

……> 16쪽으로 가기

• 책 속 모든 베이글 레시피는 저자가 맛집 베이글의 식감을 참고해 집에서 만들어 먹기 좋게 직접 개발한 것들입니다.

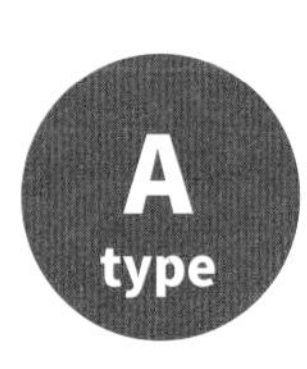

쫄깃쫀쫀 클래식 베이글

기본 재료는 이렇게 준비하세요!

☑ 강력분만 사용하기

클래식 베이글에는 맥선 유기농 밀가루(제빵용)를 사용했어요. 구워져 나온 빵의 풍미나 구수한 맛이 뛰어나요. 수입 유기농 밀가루 중 수급이 안정적이라서 매장에서 사용하기도 좋아요. 겉이 좀 단단하게 나오는 편이라 정통 뉴욕 베이글이나 하드 계열의 유럽빵에 특히 잘 어울립니다. 포장 단위가 10~20kg으로 커서 가정에서는 온라인에서 소분된 것을 구입하거나, 곰표 강력분(14쪽 참고), K-블레소레이유(16쪽 참고)로 대체 가능해요.

☑ 12~24시간 1차 저온 발효하기

믹싱 후 뚜껑이 있는 용기에 반죽을 넣어 냉장고에서 최소 12시간~최대 24시간 장시간 저온 발효를 하면 반죽 속에 유기산들이 생겨나면서 빵의 풍미가 좋아지고 소화가 잘 되는 빵이 돼요. 베이글은 보통 오전에 구우면 오후에 딱딱하게 노화되는데, 노화 속도를 늦추는 효과도 있어요. 단, 냉장실에 24시간 이상 두면 과발효되므로 주의해야 해요. 재료가 단순한 만큼 빵의 풍미가 중요한 베이글이에요. 좋은 밀가루를 사용해 풍미를 충분히 이끌어내 주는 것이 좋습니다. 저온 발효한 반죽은 구웠을 때 다른 베이글에 비해 크기가 작은 편이라서 120g으로 분할했어요.

식감이 가장 쫄깃하고 쫀쫀하면서 밀도 있는 기본 베이글입니다.
반죽을 저온에서 12~24시간 발효시켜 밀가루의 풍미를 최대한 이끌어 내는 게 포인트예요.

중요한 공정이니 기억하세요!

☑ 우유와 버터로 촉촉함 더하기

물 일부를 우유로 넣었어요. 우유는 물에 비해 더 많은 당분과 지방을 함유하고 있어 버터처럼 빵을 좀 더 촉촉하고 부드럽게 만들어요. 우유에 포함된 당과 지방이 굽는 과정에서 캐러멜화 되어 색을 진하게 내는 효과도 있어요.

버터의 풍미가 중요한 제과에서는 유산균을 넣은 발효 버터를 많이 사용하지만, 베이글에 넣는 버터는 보습을 위한 목적이므로 브랜드에 상관 없이 사용 가능해요. 단, 가염 버터는 브랜드마다 함유된 소금양이 달라 반죽에 넣는 소금을 조절해야 하므로 소금이 들어 있지 않은 무염 버터를 선택해요. 해외에서는 베이글에 버터대신 마가린이나 쇼트닝을 넣어 보습 효과를 내기도 합니다.

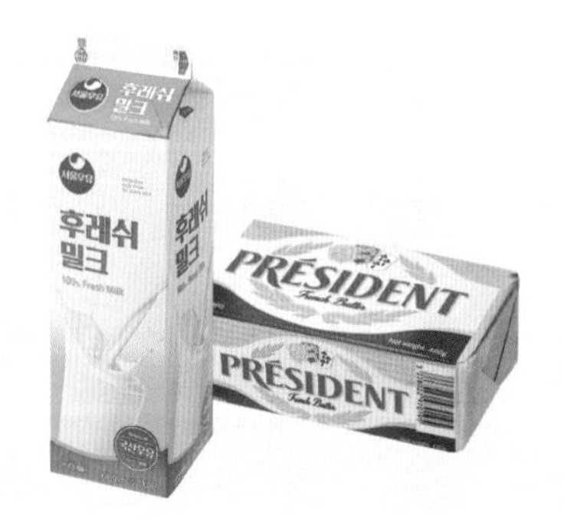

☑ 모든 재료 한꺼번에 넣고 믹싱하기

믹싱할 때 소금과 버터는 글루텐 형성을 방해하기 때문에 나중에 넣는 경우가 많아요. 이 베이글은 강력분만 사용해 글루텐이 아주 잘 형성되기 때문에 모든 재료를 한꺼번에 넣고 믹싱해요. 반면 B타입 베이글은 박력분, C타입 베이글은 변성전분을 혼합하기 때문에 글루텐이 만들어지기 어려울 수 있어 소금과 버터를 나중에 넣어요. 글루텐을 위해 믹싱을 오래 하면 반죽 온도가 올라가니 주의해야 해요.

겉바속촉 화덕 풍미 베이글

기본 재료는 이렇게 준비하세요!

☑ 강력분 + 박력분 함께 사용하기

화덕 풍미 베이글에는 맛이나 가격 면에서 무난하고 모든 빵에 두루두루 안정적으로 사용할 수 있는 대한제분 곰표 강력밀가루(강력다목적용)를 추천합니다. 매장에서는 업소용으로 포장 단위가 크고 영양 성분은 동일한 대한제분 코끼리 강력밀가루(빵용)를 사용하면 돼요. 이 책에서 소개한 다른 브랜드의 강력분 모두 곰표로 대체할 수 있어요.
박력분은 총 밀가루 분량의 10~15% 정도 넣는데, 식감을 한층 부드럽게 만들어요. 분량이 많지 않아 브랜드는 크게 상관 없어요.

☑ 사전발효반죽(풀리시) 사용하기

물과 밀가루를 1:1의 비율로 섞고 소량의 이스트를 넣어 미리 발효시키는 반죽을 풀리시(Poolish)라고 해요. 풀리시를 사용하면 빵의 풍미가 좋아지고 구웠을 때 빵이 커져요. 발효되는 과정에서 글루텐이 어느 정도 형성되기 때문에 본반죽의 믹싱 시간도 줄어들어요.
24~25°C 실온에서 3시간 정도 발효시켜 본반죽에 사용해요. 바로 사용하지 않는다면 1시간 30분 정도 실온에서 발효시킨 후 냉장 보관하면 다음날까지 괜찮아요. 더운 여름철에도 동일한 방법으로 발효시켜요. 고온에서 굽는 빵은 일반 빵에 비해 노화가 빠른 편인데, 풀리시를 사용하면 노화가 지연되는 장점도 있어요.

베이킹용 돌판을 뜨겁게 달궈 피자처럼 고온에서 단시간에 구워내는 베이글입니다.
겉은 바삭하고 속은 촉촉한 식감이 아주 일품이죠. 물과 밀가루, 소량의 이스트로
반죽 일부를 미리 발효시키는 '풀리시'라는 제법으로 만들어요.

중요한 공정이니 기억하세요!

☑ 플레인 요거트와 포도씨유로 산미와 가벼운 식감 만들기

요거트는 산미를 추가해 반죽의 풍미를 높여요. 유럽빵에 르방을 사용하거나 스콘, 팬케이크를 만들 때 사워크림이나 산이 들어간 버터밀크를 넣는 것도 같은 이유입니다. 요거트는 브랜드 상관없이 설탕이 들어 있지 않은 플레인을 선택해요.

포도씨유는 촉촉하고 가벼운 식감의 베이글을 만들어요. 포카치아 등의 하드 계열빵은 수분을 많이 넣어 촉촉함을 내는데, 베이글은 식감과 성형 때문에 수분을 많이 넣을 수 없어 유지류이면서 무향인 포도씨유를 사용했어요. 올리브유는 향이 진해서 특정 베이글을 제외하고는 잘 사용하지 않아요.

☑ 베이킹용 돌판 활용해서 굽기

이 베이글의 가장 큰 특징은 겉은 바삭하고 속은 촉촉한 화덕 느낌의 식감이에요. 이 식감을 내기 위해서는 베이킹용 돌판을 사용해야 해요. 30분 이상 뜨겁게 달군 베이킹용 돌판 위에 반죽을 올려 단시간에 굽는데, 돌판이 뜨거워서 오븐 내부 온도가 떨어지지 않아 빵이 잘 부풀고 색도 잘 나요. 돌판에 구울 때 스팀을 분사하면 한층 더 바삭한 껍질을 즐길 수 있어요.
스팀 기능이 없는 오븐이라면 수분이 고르게 분사되는 분무기를 사용해요. 돌판을 구비해두면 피자나 하드 계열빵을 구울 때도 유용해요.

말랑쫀득 부드러운 베이글

기본 재료는 이렇게 준비하세요!

☑ 강력분 + 변성전분(파인소프트) 함께 사용하기

말랑쫀득한 식감의 위해 마루비시 K-블레소레이유를 사용했어요. K-블레소레이유는 제빵용 강력분으로 구워진 후 부드럽고 촉촉한 식감이 뛰어난 밀가루입니다. 요즘 유행하는 식감의 촉촉하고 쫄깃한 빵을 만들기 적합하며 식빵이나 단과자빵에도 잘 어울려요. 곰표 강력분으로 대체 가능하지만 식감은 조금 달라질 수 있어요.

강력분과 함께 사용하는 파인소프트는 쫄깃한 식감과 보습에 효과가 있는 식품첨가물로 변성전분을 주원료로 하는 재료입니다. 파인소프트는 3가지 모두 성분은 비슷하지만 작용이 달라 서로 대체할 수 없는 게 단점이에요. 파인소프트-씨는 빵의 노화를 지연시켜 2~3일 정도 촉촉함이 유지돼요. 파인소프트-티는 빵의 식감을 쫀득하게 만들어요. 많이 넣으면 더 쫄깃하기는 하지만 구웠을 때 찌그러지니 적정량을 사용해야 해요. 파인소프트-202는 파인소프트-티와 유사하지만 파인소프트-티만 사용하면 도넛처럼 쫄깃한 식감이, 함께 사용하면 좀 더 부드러우면서 쫄깃한 식감이 돼요. 구운 후 형태를 유지하는데도 도움이 됩니다.

☑ 플레인 요거트와 버터로 산미와 촉촉함더하기

요거트는 산미를 추가해 반죽의 풍미를 높이고 버터는 촉촉함을 더해요. 요거트는 설탕이 들어 있지 않은 플레인을, 버터는 소금이 들어 있지 않은 무염 버터를 선택해요. 브랜드는 상관 없어요.

3가지 타입 중 가장 말랑하고 부드러운 베이글입니다.
촉촉하고 부드러운 K-블레소레이유 강력분과 쫄깃한 식감의 파인소프트를 함께 사용해요. 작업성도 뛰어나 베이글 전문점에서 특히 활용하기 좋아요.

중요한 공정이니 기억하세요!

☑ 찰기 있게 반죽하기

파인소프트를 배합해 글루텐이 만들어지기까지 믹싱 시간이 좀 더 걸리지만 다른 베이글과 비교해 전체적인 믹싱 시간 차이는 크게 없어요. 다만 글루텐이 형성되기 시작하면 찰기가 생겨서 반죽이 믹싱볼 안쪽에 많이 들러 붙고 만졌을 때 약간 찰떡 같은 느낌이 들어요. 잘못된 반죽은 아니니 걱정하지 않아도 돼요. 믹싱 시간이 길어지면 반죽 온도가 상승하니 1~3°C의 차가운 물을 사용하고 믹싱볼 바닥에 얼음물을 받쳐가며 최종 반죽 온도를 잘 조절하는 것이 중요해요.

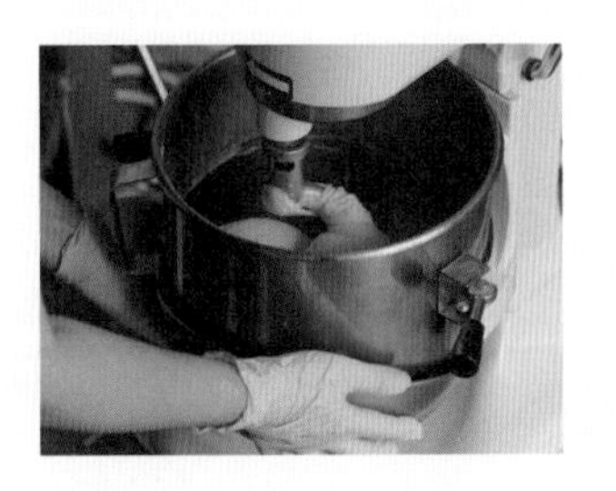

☑ 베이킹소다 없이 데치기

베이글의 쫄깃한 식감을 결정짓는 데치기. 데치는 물에 베이킹소다를 소량 넣으면 구웠을 때 색이 고르게 나서 더 예쁜 베이글을 완성할 수 있어요. 단, 당 성분이 많은 파인소프트가 들어가는 반죽은 색이 많이 나기 때문에 베이킹소다를 넣지 않아요.

☑ 펀칭으로 볼륨감 더하기

1차 발효 시 펀칭(접기)을 하면 빵의 볼륨이 좋아져요. 볼륨이 좋아지면 그만큼 부드러운 빵이 완성됩니다. 반드시 필요한 과정은 아니예요. 펀칭 없이 40분 정도 1차 발효만 해도 돼요. 책에서는 펀칭을 하는 베이글은 100g, 펀칭을 안하는 베이글은 120g으로 분할했어요.

감자 치즈 베이글(100쪽)이나 페퍼로니 할라피뇨 베이글(104쪽)처럼 속재료를 넣고 접는 방식으로 성형하는 베이글은 펀칭을 하면 볼륨이 커져서 속에 빈 공간이 생기고 데치거나 구웠을 때 터질 수 있으니 펀칭을 하지 않아도 돼요.

베이글 만들기에 필요한 재료

베이글 만들기에 필요한 기본 재료와 응용 베이글 재료들을 함께 소개합니다. 매장에서 사용하기 좋은 가성비 뛰어난 브랜드 제품들도 추천하니 가정에서는 소분해두고 빵 만들 때 폭넓게 활용하세요.

베이글 반죽용

드라이이스트(레드)

샤프 인스턴트 드라이 이스트(레드)를 사용해요. 레드와 골드가 있는데, 레드는 설탕 함량이 5% 이하인 바게트, 캄파뉴 등의 저당용 빵에, 골드는 설탕 함량 5% 이상인 단과자빵 등의 고당용 빵에 효과가 더 좋아요. 이스트는 공기에 노출되면 유통기한과 상관없이 발효력이 떨어지므로 소포장을 구입하는 것도 좋아요.

롤치즈

올리브 치즈 베이글(60쪽), 토마토 바질 베이글(94쪽)에 사용하는데, 맛이 고소한 서울우유 롤치즈를 추천해요. 1kg 단위로 판매하기 때문에 소분해서 냉동해두었다가 쿠키, 머핀 등에 넣어도 좋아요.

베이킹소다

베이글 데치는 물에 소량을 넣으면 구움색이 고르게 나와 더 예쁜 껍질의 베이글을 완성할 수 있어요. 단, 당 성분이 많은 파인소프트를 넣거나 고온에서 굽는 경우는 지나치게 색이 짙어질 수 있어 양을 줄이거나 사용하지 않는 게 좋아요. 식용이라면 브랜드는 상관 없어요.

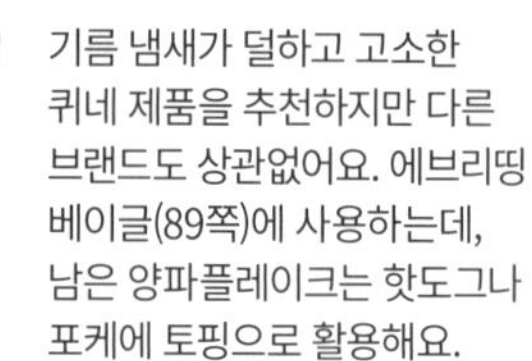

양파플레이크

기름 냄새가 덜하고 고소한 퀴네 제품을 추천하지만 다른 브랜드도 상관없어요. 에브리띵 베이글(89쪽)에 사용하는데, 남은 양파플레이크는 핫도그나 포케에 토핑으로 활용해요.

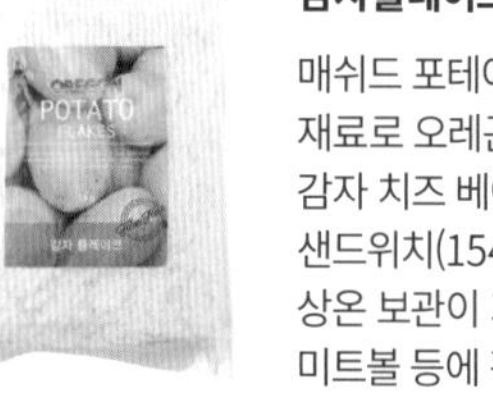

감자플레이크

매쉬드 포테이토를 간편하게 만들 수 있는 재료로 오레곤 제품을 추천해요. 감자 치즈 베이글(100쪽), 베이컨잼 포테이토 샌드위치(154쪽)에 사용했어요. 상온 보관이 가능하고 감자수프를 끓이거나 미트볼 등에 활용할 수 있어요.

마늘가루&양파가루

마늘가루는 갈릭 퐁당 베이글(50쪽), 마늘 크림치즈 스프레드(124쪽), 양파가루는 양파 베이컨 베이글(42쪽)에 사용해요. 소량으로도 풍미를 돋우기 때문에 꼭 넣는 걸 추천해요.

베이글 스프레드용

크림치즈

베이글 스프레드에서 크림치즈는 빼놓을 수 없는
가장 중요한 재료예요. 개인의 기호에 따라 차이가 있지만
발림성이 좋고 적당한 산미와 고소함이 있는 필라델피아
크림치즈를 추천해요.

썬드라이드 토마토

토마토 바질 베이글(94쪽), 토마토 바질 크림치즈 스프레드(126쪽), 그릴드 베지 샌드위치(144쪽)에 사용했어요. 토마토의 색이 빨갛고 단맛이 덜하면서 쫄깃한 식감이 있는 폴리 제품을 추천해요.

동물성 휘핑크림

책에서 사용한 생크림은 모두 동물성 휘핑크림으로 대체 가능해요. 생크림은 수급이 불안정할 때가 많고 가격대가 높아요. 생크림의 맛이나 색깔과 가장 유사하고 가격이 저렴하면서 소분해 냉동 보관도 가능한 칸디아 제품을 추천해요.

바질페스트

토마토 바질 크림치즈 스프레드(127쪽), 그릴드 베지 샌드위치(144쪽)에 사용했어요. 향과 맛이 좋은 비피 제품을 추천해요.

베이글 샌드위치용

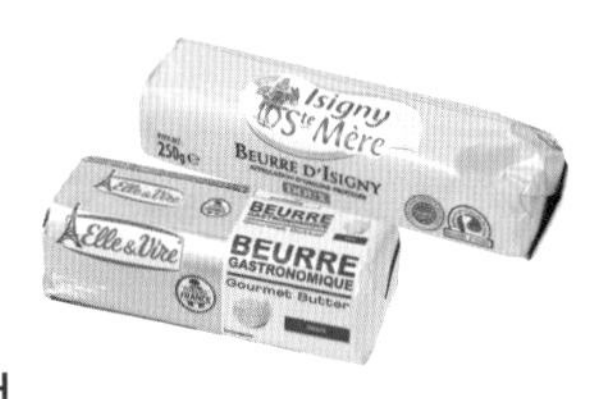

고메 버터

샌드용 버터는 풍미나 고소함이 그대로 느껴지기 때문에
앨앤비르나 이즈니 버터처럼 유산균을 넣어 발효시킨
프랑스산 고메 버터를 추천해요. 버터 솔트 베이글(76쪽),
카야잼 소금버터 샌드위치(140쪽)에 사용했어요.

카야잼

카야잼 소금버터 샌드위치(140쪽)에 사용한 카야잼은 코코넛과 달걀을 섞어서 만드는 코코넛 잼의 일종이에요. 가격도 저렴하면서 버터와 맛이 잘 어울리는 노브랜드 판단카야잼을 추천해요.

홀그레인 머스터드

톡톡 씹히는 식감과 특유의 산미로 샌드위치나 소스의 맛을 돋우는 재료예요. 노란색의 디종 머스터드는 매운 맛이나 식감이 다르니 구분해서 사용해야 해요. 버라이어티 소스(128쪽), 새우 아보카도 샌드위치(148쪽)에 사용했어요.

슬라이스 치즈

치즈는 샌드위치의 맛을 결정짓는 중요한 재료 중
하나예요. 에멘탈 치즈가 가장 잘 어울리고 맛있지만
가격이 부담된다면 고다 치즈나 하바티 치즈도 무난해요.
무화과잼 프로슈토 샌드위치(156쪽)는 브리와 궁합이
잘 맞아요.

ON/OFF
0 SET

전자저울

베이킹용 돌판
반죽용 밀대
톱니형 빵칼

테프론 시트
스크래퍼
비닐

철판

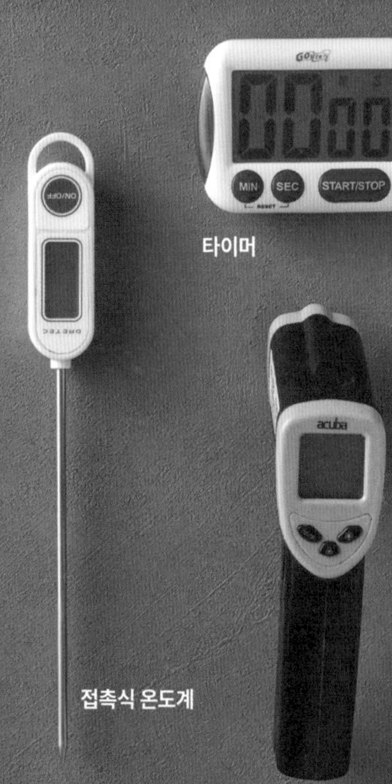
MIN
SEC
START/STOP
타이머
acuba
접촉식 온도계
적외선 온도계

베이글 만들기에 필요한 도구

틀이 필요 없는 베이글은 기본 도구만 있으면 부담 없이 만들기에 도전할 수 있어요.
이 책에서는 기본 도구와 함께 베이글 반죽 시 반죽기별 적정 용량을 자세하게 소개할게요.

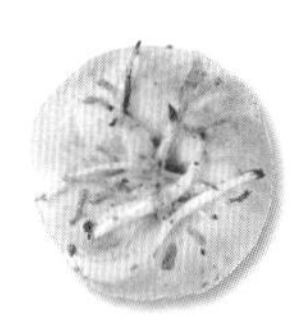

베이킹용 돌판

컨벡션 오븐에서 베이글이나 피자, 바게트 등을 화덕 느낌으로 구울 때 필요해요. 인터넷에서 '베이킹스톤'으로 검색하면 여러 종류가 나오는데, 해외에서 직구로 구입하기도 해요. 오븐 종류에 따라 돌판 크기가 다르니 주의하고 맞는 크기의 돌판이 없을 때는 철판보다 조금 작은 것을 구비해 철판 위에 올려 사용해요. 스메그 오븐은 40×30cm, 우녹스나 지에라 오븐은 40×35cm를 구입해요.

반죽용 밀대

최근에는 작업성을 위해 밀대를 사용하지 않고 베이글을 만드는 경우가 많지만 필링을 넣는 베이글은 밀대로 성형하는 게 모양이나 두께가 일정하고 예뻐요. 반죽이 작기 때문에 지름 2cm 정도의 작은 밀대가 작업하기 편해요.

톱니형 빵칼

베이글은 입자가 쫀쫀하고 밀도가 높기 때문에 식칼로 자르기 어려워요. 스프레드를 바르거나 샌드위치를 만들기 위해 반으로 자를 때 물결 무늬의 톱니형 빵칼을 사용하면 훨씬 수월해요.

전자저울

가정용으로는 1g 단위로 2kg까지 계량이 가능한 전자저울을 구비해요. 간혹 0.5g을 재기가 어려울 때가 있는데, 이때는 1g을 먼저 잰 후 두 꼬집 정도 덜어 내면 돼요.

철판&테프론 시트(또는 실패트)

굽기 전 데친 베이글을 철판 위에 올리는데 유산지는 젖을 수 있어 테프론 시트 또는 실패트를 사용하는 게 좋아요. 철판은 발효에도 사용할 수 있도록 넉넉하게 구비해요.

스크래퍼

베이글 반죽이 다른 빵 반죽에 비해 단단하기 때문에 부드러운 스크래퍼보다는 휘지 않는 딱딱한 걸 사용하는 게 작업하기 좋아요.

비닐

반죽을 발효시킬 때 마르지 않게 덮는 용도의 비닐이므로 반죽이 들러붙지 않을 정도의 도톰한 두께가 좋아요. 깨끗하게 닦아 재활용할 수 있어요.

타이머

믹싱이나 굽는 시간을 정확하게 잴 때 필요해요. 방수가 안되는 경우가 많으니 물에 빠뜨리지 않도록 주의해요.

접촉식&적외선 온도계

접촉식 온도계는 빵 반죽에 직접 꽂아 온도를 측정하기 때문에 반죽 온도를 정확하게 잴 수 있어요. 단, 온도가 올라가고 내려가는데 10초 정도 시간이 소요돼요. 적외선 온도계는 믹싱 등을 할 때 반죽 표면 온도를 재빨리 잴 수 있어 편리해요.

오븐

책에서는 굽는 시간과 온도를 데크 오븐과 컨벡션 오븐 기준으로 소개하고 있어요. 보통 데크 오븐은 컨벡션 오븐보다 20°C 정도 온도를 높게 설정해요. 굽는 시간은 컨벡션 오븐이 조금 더 짧아요.

광파오븐이나 **미니오븐**은 내부 공간이 작아서 위아래가 타기 쉽고 색이 고르게 나지 않는 경우가 있어요. 보통 오븐 팬 1장에 굽는데, 2차 발효가 끝난 베이글 반죽을 철판에 올릴 수 있는 개수만큼 데쳐서 굽고 나머지 반죽은 냉장실에 비닐을 덮어 넣어둬요. 냉장실에 넣지 않으면 반죽이 마르거나 과발효되니 주의해야 해요.

컨벡션 오븐은 팬의 바람을 이용해 대류열로 빵을 굽는 방식의 오븐으로, 최근에는 스메그, 우녹스, 지에라 등의 컨벡션 오븐을 가정용으로 구입해 집에서 본격적으로 빵을 구우시는 분들도 많아요.

• 책에서는 지에라 오븐을 사용했어요.

데크 오븐은 제과점에서 많이 사용하며, 복사열로 굽는 방식의 오븐이에요. 아래위 열선으로 각각의 온도 조절이 가능해서 빵의 종류에 따라 알맞은 온도를 설정할 수 있어요.

반죽기

책에서는 스파 믹서(SP-800)를 기준으로 레시피와 믹싱 시간을 소개하고 있어요. 스파 믹서, 소형 스탠드 믹서, 제빵기, 손반죽으로 베이글을 반죽할 때의 밀가루 분량과 소요시간을 알려드려요. 베이글은 수분이 적어 반죽량이 많으면 모터에 과부하가 걸리기 때문에 분량에 맞춰 믹싱하는 게 중요해요.

스파 믹서는 믹싱볼 용량이 8쿼터로 밀가루 기준 800g~1kg을 반죽(베이글 18~20개 정도)할 때 가장 적당한 용량의 반죽기예요. 400g 이하의 소량도 가능하지만 시간은 좀 더 걸려요.
• 책에서는 스파 믹서를 사용했어요. 레시피는 스파 믹서 기준이며 소형 믹서 또는 제빵기는 1/2분량으로 조절해요.

소형 스탠드 믹서는 켄우드, 키친에이드, 스메그 등을 많이 사용하는데, 믹싱볼 용량은 보통 4.5~5쿼터 정도예요. 밀가루 기준 400~500g이 적당하고 400g보다 밀가루 양이 적으면 훅에 잘 걸리지 않아서 반죽이 어렵고, 500g 이상이 되면 모터에 부담이 돼서 잘 돌아가지 않아요. 전체 믹싱 시간은 스파 믹서보다 약 5분 정도 더 걸리는데, 반죽 상태를 봐가면서 조절해요. 속도는 10단계로 나눠져 있는 키친에이드의 경우 저속은 3~4단, 중속은 6단 정도를 사용해요.

제빵기는 소형 스탠드 믹서와 마찬가지로 밀가루 기준 400~500g의 베이글 반죽이 가능해요. 반죽 속도는 조절할 수 없고 반죽 기능까지 끝낸 후 꺼내 1차 발효부터 하면 되는데, 시간은 브랜드마다 다르지만 약 20분 정도 걸려요. 제빵기에 재료를 넣을 때는 이스트 → 밀가루 → 소금, 설탕 → 그 외 재료 순으로 넣는 게 좋아요.

손반죽은 밀가루 기준 500g을 반죽할 때, 남자 성인의 경우 12분 정도, 여자 성인의 경우 15~20분 정도 빨래 치대듯이 작업대 위에서 계속 반죽해야 해요. 수분량이 적은 반죽이라 워낙 단단해서 손으로 치대기 쉽지 않아요.

실패하지 않는 베이글 만들기, Q&A

Q 베이글 믹싱 시 최종 반죽 온도는 꼭 맞춰야 하나요?

A 믹싱 후 베이글의 최종 반죽 온도는 25~27°C인데요, 최종 반죽 온도보다 높거나 낮으면 발효 시간이나 온도가 달라지고 반죽 상태가 변하기도 해요. 빵의 식감이나 맛에도 영향을 끼쳐요. 때문에 반죽 온도는 반드시 맞춰야 합니다. 봄, 여름, 가을에는 냉장 상태의 차가운 물(1~3°C), 냉장 상태의 밀가루를 사용하고 겨울이나 실내 온도가 21°C 이하로 낮을 때는 미지근한 물, 실온 상태의 밀가루를 사용해요. 또한 중간중간 반죽 온도를 재면서 믹싱하고, 평소보다 반죽 온도가 높다면 믹싱볼 아래에 얼음물을 받쳐가며 최종 반죽 온도를 잘 조절해야 합니다. 최종 반죽 온도는 빵을 만드는 과정 중 꼭 지켜야 할 중요한 포인트 중 하나예요.

Q 베이글을 만들 때 통밀가루나 호밀가루를 섞어도 되나요?

A 밀가루 1kg을 기준으로 10~15%의 통밀가루나 호밀가루를 섞을 수 있어요. 강력분 900g에 통밀가루(또는 호밀가루) 100g, 강력분 850g이라면 통밀가루(또는 호밀가루) 150g을 넣으면 돼요. 믹싱할 때 반죽이 많이 단단하다면 수분을 10~15g 추가해요. 15% 이상 섞으면 레시피의 수분량을 많이 조절해야 해서 추천하지 않아요. 또한 호밀가루는 시큼한 편이라 통밀가루와 빈반씩 섞어 쓰는 게 우리 입맛에 잘 맞아요.

Q 베이글 종류마다 이스트의 양이 왜 다른가요?

A 책에서는 저온숙성 베이글 6g, 화덕 풍미 베이글 10g, 부드러운 베이글 8g의 이스트를 사용했어요. 저온숙성 베이글은 발효시간이 길기 때문에 많은 양의 이스트를 넣으면 과발효돼요. 부드러운 베이글은 K-블레소레이유와 변성전분을 넣어 이스트를 조금 줄여도 충분히 부드러운 빵이 돼요. 화덕 풍미 베이글의 10g은 보통의 이스트 사용량이에요.

Q 베이글은 왜 데치나요? 잘 데치는 요령이 있나요?

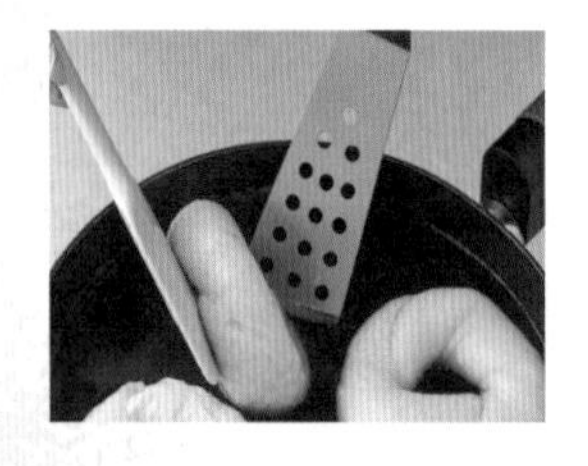

A 오븐에서 굽기 전(2차 발효 후) 데치는 과정을 거치면서 베이글 특유의 쫄깃한 식감이 생겨나요. 베이글을 데칠 때는 넉넉한 크기의 냄비에 물을 넣고 센 불에 올려 팔팔 끓인 후 중간 불로 낮추고 큰 기포가 작은 기포로 줄어들면 베이글 반죽을 종이째 엎어 넣어요. 온도는 90~95°C 정도를 유지하면서 베이글 반죽 양면을 각각 30초 정도씩 데쳐요. 이때 반죽 겉면이 20% 정도 호화되면서 익는데, 오븐에서 이 부분이 찐빵처럼 찌듯이 굽혀 쫄깃해져요. 물이 팔팔 끓을 때 반죽을 넣으면 속까지 많이 익어서 오븐에서 덜 부풀고 껍질이 쭈굴쭈굴해져요. 물 온도가 90°C 보다 낮으면 호화가 덜 돼서 쫄깃한 식감과 표면의 광택이 줄어들어요. 반죽을 데칠 때 평편한 타공 뒤집개 등을 활용하면 뒤집거나 물기를 제거하기 편리해요.

Q 베이글의 동그란 구멍, 없어도 되나요?

A 베이글 구멍 크기에 따라 식감도 달라진다는 사실, 알고 계신가요? 베이글 구멍이 크면 베이글이 커 보이는 효과는 있지만 오븐에서 열을 받는 면적이 넓어져서 껍질이 질겨져요. 요즘은 부드러운 식감이 유행이라 구멍을 크게 만들지 않아요. 구멍이 작으면 열을 덜 받기 때문에 더 촉촉하게 구울 수 있어요.

Q 탕종 베이글 VS 변성전분 베이글, 식감 차이가 있나요?

A 탕종은 85°C 정도의 뜨거운 물을 넣어 반죽을 호화시키는 반죽법인데, 쫄깃한 식감이 생명인 베이글이나 식빵에 많이 사용해요. 단, 탕종은 대량 생산이 어렵고 숙성 시간도 오래 걸려요. 변성전분(파인소프트)을 넣은 베이글은 탕종 베이글과 식감은 비슷하면서 노화도 느리고 냉동시켰을 때 덜 마르기 때문에 베이글 매장을 운영하는 분들에게 적극 추천합니다.

Q 베이글 보관&해동 방법을 알려주세요.

A 당일 구운 베이글을 완전히 식힌 후 수분이 날아가지 않게 1개씩 밀봉(랩핑)해서 최대한 빨리 냉동해요. 베이글을 해동할 때는 랩핑한 채로 실온에서 30분~1시간 그대로 두면 돼요. 베이글을 말랑하게 먹고 싶을 때는 전자레인지에 2분 정도 돌리거나 김이 오른 찜기에 5~6분 정도 찌면 가장 부드러운 맛과 식감으로 먹을 수 있어요. 겉바속촉 베이글을 선호한다면 180°C로 예열한 에어프라이어 또는 오븐, 토스터기에 3~4분 정도 구우면 됩니다. 반으로 잘라 프라이팬에 잘린 면이 바닥으로 가게 두고 약한 불에서 노릇하게 구워도 좋아요.

Q 스프레드를 맛있게 만드는 비법을 알려주세요!

A 먼저 크림치즈를 잘 골라야 하는데요, 크림치즈는 브랜드마다 질감과 맛이 달라요. 마트에서 판매하는 소포장 용기의 크림치즈는 대부분 크리미한 질감으로 쉽게 펴 바를 수 있어요. 블록으로 되어 있는 단단한 질감의 크림치즈를 사용할 때는 실온에 꺼내 두었다가 거품기나 핸드믹서로 매끈하게 잘 푼 후에 다른 재료를 섞어야 해요. 또한 생크림(또는 동물성 휘핑크림)을 추가해야 질감이 비슷해져요. 또 다른 비법은 베이스는 잘 섞되 시럽이나 치즈 등의 맛내기 재료는 가볍게 섞는 거예요. 스프레드를 발랐을 때 씹히는 식감도 다르고 맛도 다양해져요.

Q 샌드위치를 만들 때 베이글을 토스트하나요?

A 과일이나 크림, 에그마요 샐러드처럼 부드러운 속재료가 들어가는 베이글 샌드위치는 토스트하지 않고 그대로 사용해요. 부드러운 식감을 위해 베이글 자체를 최대한 연하게 굽기도 해요. 채소나 햄 등 일반적인 속재료의 샌드위치는 자른 단면을 토스트한 후에 스프레드를 발라요.

CHAPTER 1

바삭, 말랑, 쫄깃
3가지 식감의 베이글

식감이 다른 3가지 종류의 베이글을 소개합니다.
저온숙성을 통해 풍미를 이끌어낸 쫄깃한 베이글,
화덕 느낌으로 구운 겉은 바삭, 속은 촉촉한
베이글, 파인소프트로 말랑하고 보드라운 식감을
더한 베이글입니다. 각각의 식감과 맛을
제대로 내기 위해 조금 생소한 재료들을
사용하기도, 과정이 다소 오래 걸리기도 하지만
지금까지 경험하지 못한 한 단계 업그레이드된
새로운 베이글 레시피의 조합을 만날 수 있어요.

• 이 책에서 소개하는 필링과 토핑은 모든 베이글에
자유롭게 적용할 수 있어요. 개인의 취향에 따라 좋아하는
식감을 골라 다양하게 즐겨보세요.

손으로 굴려 성형하는 베이글
(방법은 40쪽 참고)

밀대로 성형하는 베이글

클래식 플레인 베이글

쫄깃쫀쫀 식감

INGREDIENT

15개 분량

반죽

- 강력분(맥선) 1,000g
- 설탕 60g
- 소금(꽃소금) 20g
- 인스턴트 드라이 이스트(레드) 6g
- 무염 버터 80g
- 우유 280g
- 물 320g

데치는 물

- 물 5컵(1ℓ)
- 설탕 15g
- 꿀 15g
- 베이킹소다 5g

레시피는 스파 믹서 기준입니다.
소형 스탠드 믹서 또는 제빵기는
1/2분량으로 조절하세요.

쫄깃하면서 밀도 있는 정통 뉴욕 스타일의 베이글입니다. 3가지 타입 중 재료가 가장 심플한 만큼 저온숙성을 통해 빵의 풍미를 충분히 이끌어 내는 게 포인트예요.

베이글 전문점에서는 성형 시 밀대를 거의 사용하지 않고 손으로 굴려 만들어요(40쪽 참고). 이렇게 만들면 밀대를 사용할 때보다 성형 속도가 5배 정도 빠르고 구웠을 때 터짐도 적어 작업 효율이 아주 뛰어납니다.

책에서는 클래식 플레인 베이글과 필링을 넣는 베이글 위주로 밀대를 사용했어요. 베이글을 예쁘게 만들려면 이음매 부분을 잘 꼬집어 주는 게 중요하기 때문에 과정 사진으로 자세하게 설명했습니다.

- 딸기 우유 크림치즈 스프레드(114쪽)
- 메이플 피칸 크림치즈 스프레드(118쪽)
- 할라피뇨 크림치즈 스프레드(122쪽)

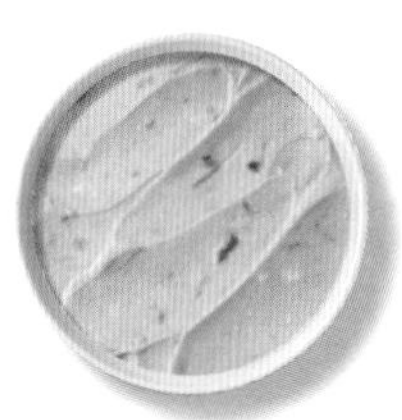

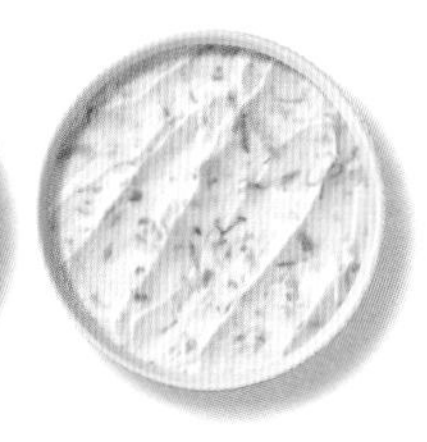

HOW TO MAKE

믹싱하기

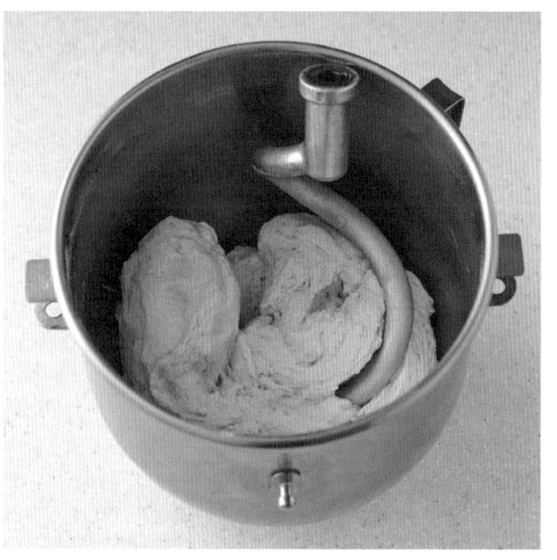

1 믹싱볼에 반죽 재료를 모두 넣는다.

TIP 손반죽과 제빵기 반죽은 23쪽을 참고하세요.

2 저속(1단)으로 돌려 반죽이 하나로 뭉쳐지기 시작하면 5분 정도 더 믹싱한다.

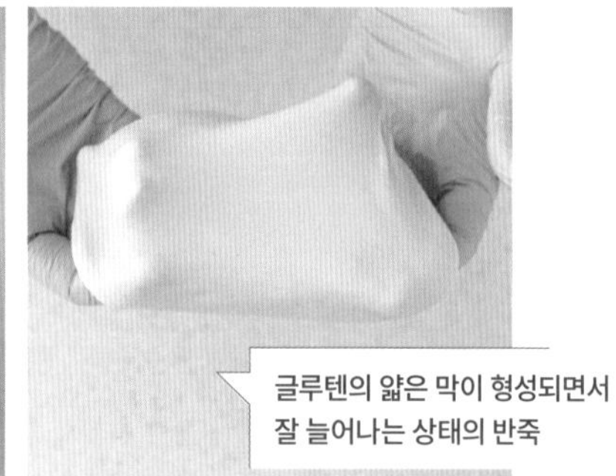

글루텐의 얇은 막이 형성되면서 잘 늘어나는 상태의 반죽

3 중속(2단)으로 속도를 올려 반죽 표면이 매끈해질 때까지 5~6분 정도 믹싱한다(최종 반죽 온도 25~26°C).

TIP 믹싱볼 용량에 비해 반죽량이 적은 경우 믹싱 시간이 길어져요. 반죽 시간이 길어져 반죽이 목표 온도(26°C)를 넘어가는 경우 믹싱볼 아래 얼음물을 받쳐 최종 반죽 온도를 꼭 맞춰주세요.

1차 저온 발효하기

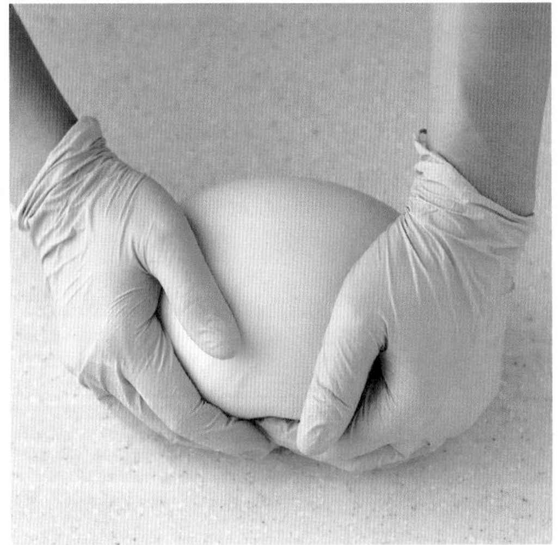

4 양손을 이용해 반죽 표면을 매끈하게 둥글린다.

5 뚜껑이 있는 반죽통에 반죽을 넣고 반죽 표면이 마르지 않게 비닐로 표면을 밀착해서 덮은 후 뚜껑을 덮어 냉장실에서 12~24시간 1차 발효시킨다.

TIP 냉장 온도가 집집마다 다르기 때문에 2배로 부풀었다면 12시간이 되지 않았더라도 꺼내어 분할을 시작할 수 있어요. 반죽은 12~24시간 내에 사용해요.

냉장실에서 1차 발효가 끝난 상태의 반죽

분할하기

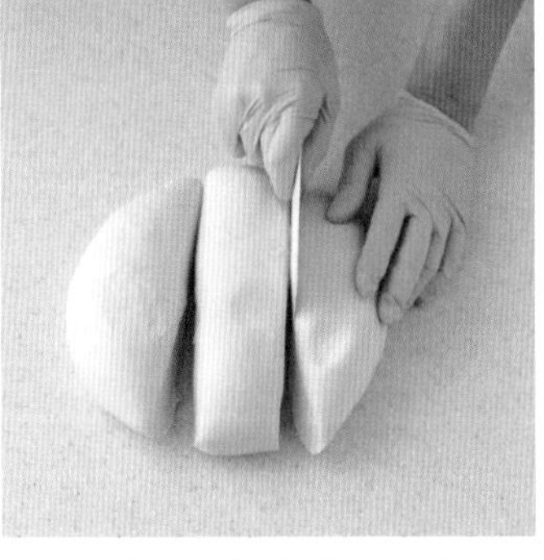

6 스크래퍼를 이용해 반죽을 길쭉하게 3등분한다.

TIP 반죽을 정사각형으로 분할할 수 있게 자르는 것이 좋아요.

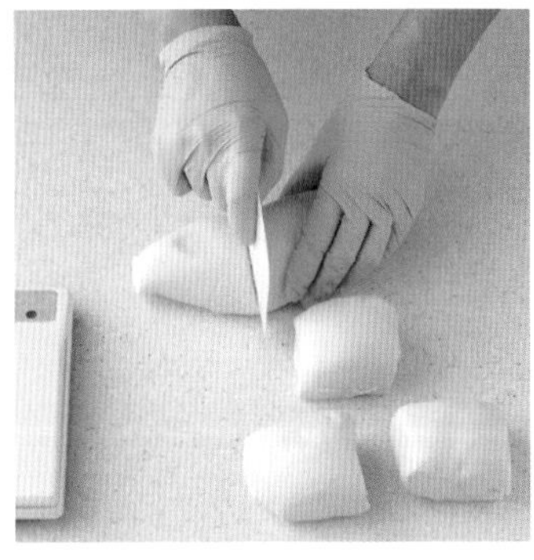

7 스크래퍼를 이용해 120g씩 분할한다.

TIP 펀칭(접기)을 하는 베이글에 비해 볼륨이 작기 때문에 120g으로 분할해요.

분할하기

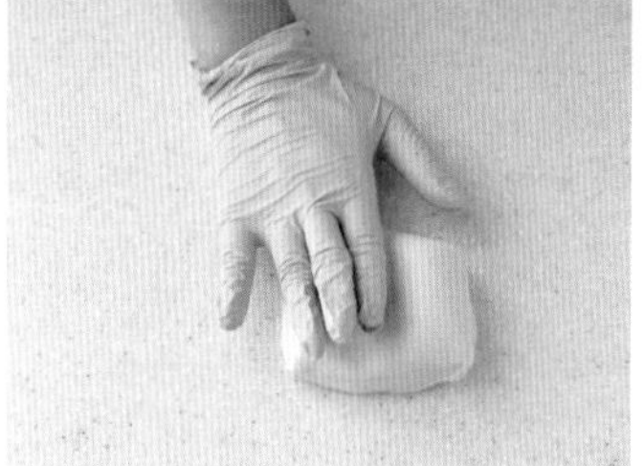
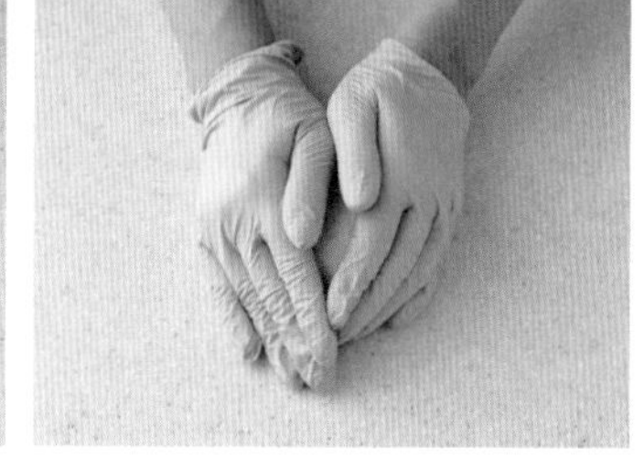

8 반죽이 마르지 않게 면포나 비닐을 덮고 반죽 온도가 16°C 정도가 될 때까지 24~25°C 실온에 20분 정도 휴지시킨다.

9 반죽 온도가 16°C가 되면 반죽을 손바닥으로 가볍게 눌러 평평하게 편 후 반죽의 매끈한 면이 바닥으로 가도록 올리고 양손을 이용해 반죽 표면을 매끈하게 둥글린다.

TIP 덩어리보다 분할하는 것이 반죽 온도가 빨리 상승해요.

10 반죽이 마르지 않게 다시 면포나 비닐을 덮고 24~25°C 실온에서 20분 정도 휴지시킨다.

TIP 반죽 온도가 18°C 이상일 때 성형해야 2차 발효 시간이 40~50분 정도 걸려요. 18°C보다 낮으면 시간이 더 걸려요.

TIP 겨울철이나 실내 온도가 23°C 보다 낮은 경우 오븐을 200°C로 20초간 켰다 끈 후 비닐을 덮은 반죽을 넣어 발효시켜도 돼요.

성형하기

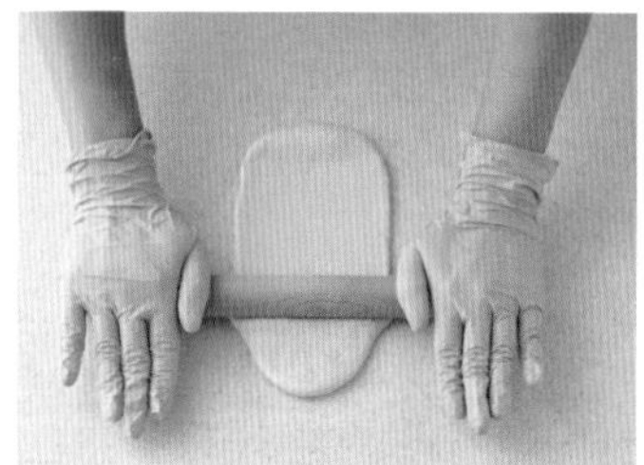

11 반죽 표면에 덧가루를 살짝 뿌리고 손바닥으로 반죽을 가볍게 누르면서 가스를 뺀 후 매끈한 면이 바닥으로 가도록 뒤집는다.

12 밀대를 이용해 반죽을 23~25cm 길이의 타원형으로 밀어 편다.

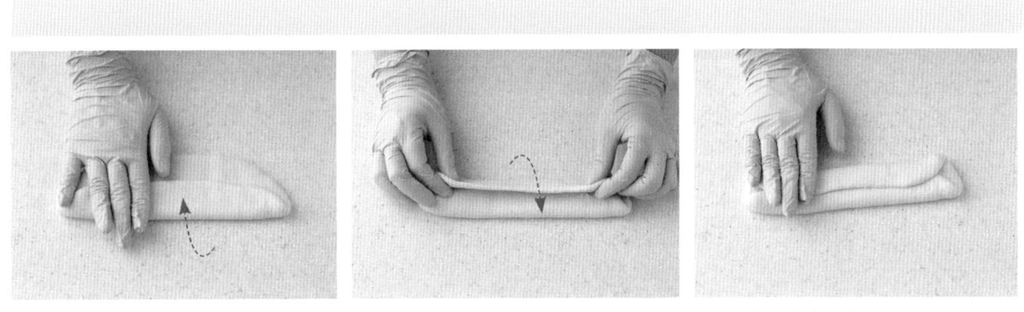

13 반죽을 가로로 90도 돌리고 아래위 반죽을 가운데로 겹쳐 접는다. 이때 한쪽 끝은 그대로 남겨둔다.

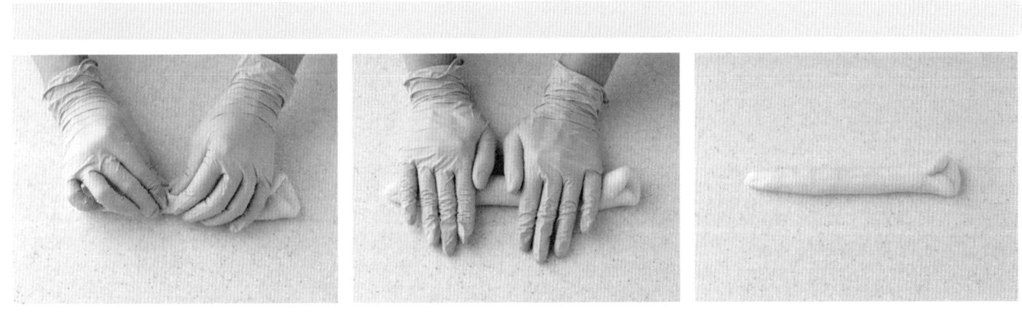

14 반죽을 다시 반으로 접으면서 이음매를 단단히 꼬집어 고정시킨다.

15 손바닥으로 굴리면서 한쪽 끝이 가늘어지게 23cm 길이로 늘인다.

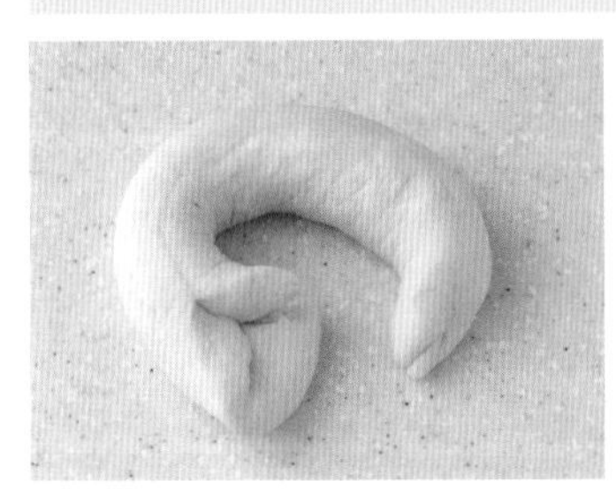

16 가는 끝부분을 다른 한쪽 끝에 3~4cm 정도 겹쳐지게 넣는다.

TIP 가는 반죽 끝을 다른 한쪽 끝 깊숙히 넣어 겹쳐야 나중에 풀어지지 않아요.

TIP 감싸는 반죽 끝부분을 밀대로 넓게 밀어 펴도 돼요.

성형하기

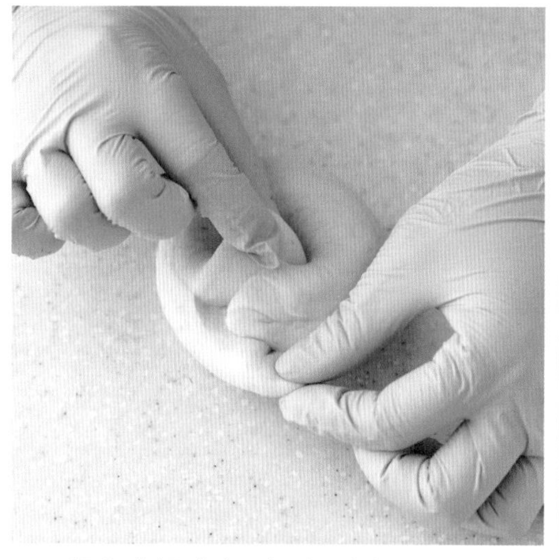

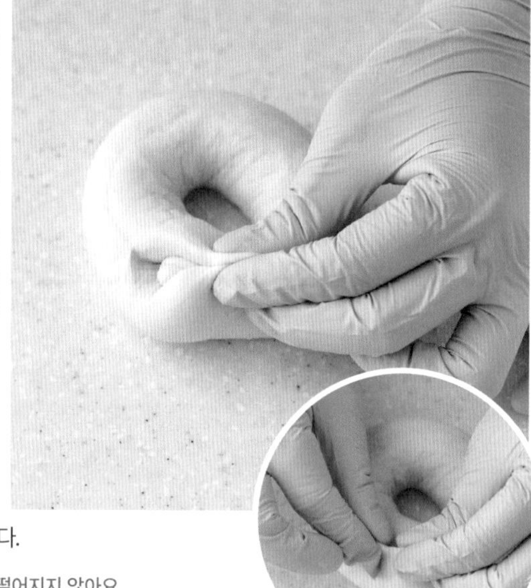

17 반죽을 감싸듯이 덮고 이음매를 단단히 꼬집어 고정시킨다.

TIP 반죽에 붙은 덧가루를 잘 털어 주어야 데칠 때 이음매가 떨어지지 않아요.

2차 발효하기(+ 오븐 예열, 데치는 물 준비)

18 12×12cm 크기의 종이포일 위에 반죽을 올린다.

TIP 반죽을 종이 위에 하나씩 올려 발효시켜야 반죽을 데칠 때 옮기기 편해요.

19 반죽통 또는 철판 위에 반죽을 올리고 24~25°C 정도의 실온에서 40~50분 정도 2차 발효시킨다.

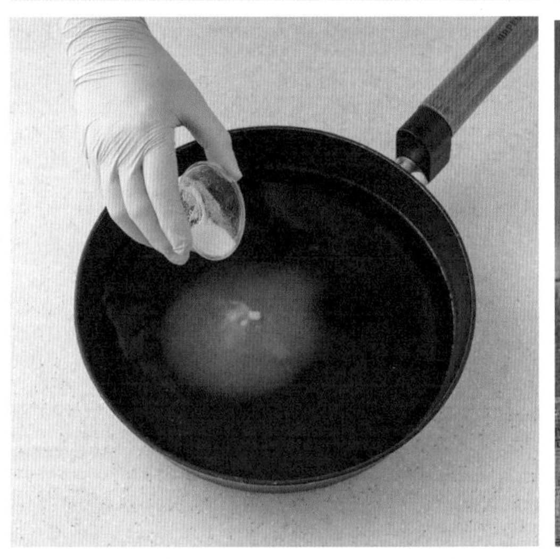

20 오븐을 예열(컨벡션 오븐 200°C, 데크 오븐 윗불, 아랫불 각 220°C)하고 반죽 데칠 물을 끓인다.

TIP 데치는 물에 설탕, 꿀을 넣고 잘 저어줘야 바닥에 눌어붙지 않아요.

데치기

21 센 불에서 물이 100°C로 끓어오르면 중간 불로 낮추고 기포가 줄어들면 반죽을 종이째 엎어 올린 후 30초간 데치면서 종이를 떼어낸다. 데치는 물의 온도는 90~95°C를 유지한다.

22 주걱 2개를 이용해 뒤집은 후 다시 30초간 데친다.

TIP 구멍이 있는 평평한 건지개나 뒤집개를 사용하면 물이 잘 빠져요.

23 데친 반죽을 테프론 시트를 깐 철판 위에 간격을 두고 올린다.

TIP 40×30cm 크기의 철판에는 최대 8개의 반죽을 올릴 수 있어요.

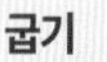

굽기

24 200°C로 예열한 컨벡션 오븐에 반죽을 넣고 12분간 고른 색이 나도록 굽는다(데크 오븐은 220°C에서 13~15분). 식힘망 위에 올려 식힌다.

TIP 굽는 시간과 온도는 오븐의 사양에 따라 달라질 수 있어요.

초코 마블 베이글

INGREDIENT

18개 분량

반죽

- 강력분(맥선) 1,000g
- 설탕 60g
- 소금(꽃소금) 20g
- 인스턴트 드라이 이스트(레드) 6g
- 무염 버터 80g
- 우유 280g
- 물 320g
- 초코칩(선인) 100g

초코 페이스트

- 코코아파우더(발로나) 50g
- 분당 50g
- 포도씨유 10g
- 물 40g

데치는 물

- 물 5컵(1ℓ)
- 설탕 15g
- 꿀 15g
- 베이킹소다 5g

코코아파우더 베이스의 초코 페이스트와 초코칩을 듬뿍 넣은 진한 초콜릿 맛의 베이글입니다. 초코 페이스트는 밀가루와 처음부터 섞지 않고 반죽이 거의 완성되면 마지막에 넣는데요, 초코 페이스트를 넣고 많이 섞지 않아야 마블 무늬가 남아요. 믹서로 가볍게 돌린 후 작업대에 반죽을 꺼내 두세 번 정도 자르면서 겹쳐주는 정도면 충분해요.

레시피는 스파 믹서 기준입니다.
소형 스탠드 믹서 또는 제빵기는
1/2분량으로 조절하세요.

- 메이플 피칸 크림치즈스프레드(118쪽)
- 초코 스프레드(120쪽)

HOW TO MAKE

준비하기

1 볼에 초코 페이스트 재료를 넣고 날가루가 보이지 않게 주걱으로 잘 섞은 후 랩을 씌운다.

TIP 미리 준비해 두는 경우 냉장 보관해요.

믹싱하기

2 믹싱볼에 초코칩을 제외한 나머지 반죽 재료를 모두 넣는다.

TIP 손반죽과 제빵기 반죽은 23쪽을 참고하세요.

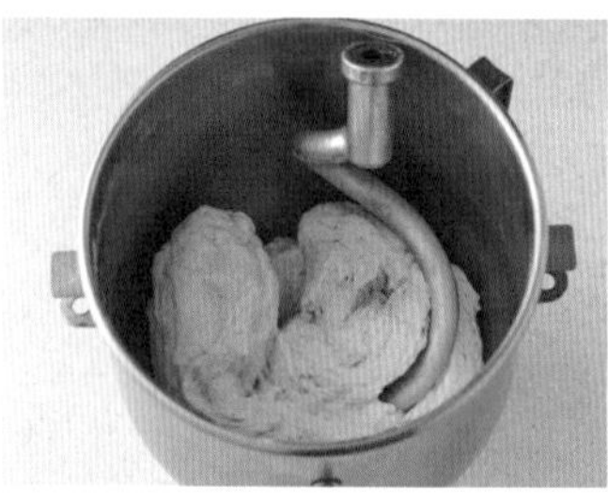

3 저속(1단)으로 돌려 반죽이 하나로 뭉쳐지기 시작하면 5분 정도 더 믹싱한다.

4 중속(2단)으로 속도를 올려 반죽 표면이 매끈해질 때까지 5~6분 정도 믹싱한다.

5 초코 페이스트, 초코칩을 넣고 저속에서 30초, 중속에서 30~40초간 초코 페이스트가 마블 모양으로 섞일 정도까지만 가볍게 믹싱한다(최종 반죽 온도 25~26°C).

TIP 초코 페이스트 반죽을 완전히 섞지 않고 마블 모양으로 남기는 게 이 반죽의 포인트예요.

TIP 오렌지필, 건살구, 건크랜베리 등의 과일도 잘 어울려요. 반죽 1kg당 100~120g 정도 추가하면 돼요.

TIP 믹싱볼 용량에 비해 반죽량이 적은 경우 믹싱 시간이 길어져요. 반죽 시간이 길어져 반죽이 목표 온도(26°C)를 넘어가는 경우 믹싱볼 아래 얼음물을 받쳐 최종 반죽 온도를 꼭 맞춰주세요.

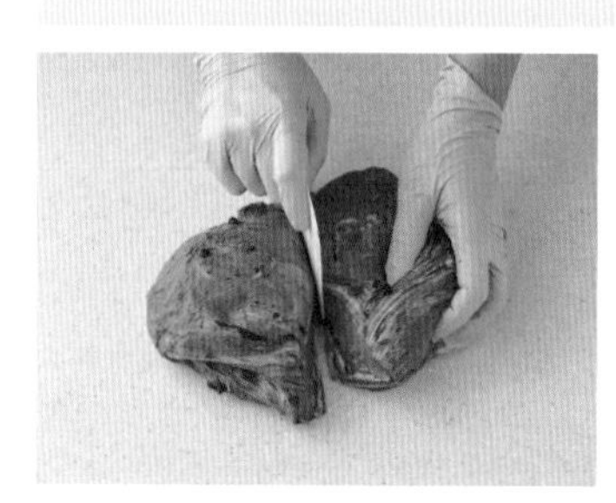

6 작업대 위에 반죽을 꺼내 올린 후 스크래퍼를 이용해 2번 정도 잘라 겹친다.

TIP 믹싱을 오래하면 반죽 온도가 올라가니 가볍게 섞은 후 겹치면서 마블 모양을 만들어 주는 게 좋아요.

1차 저온 발효하기

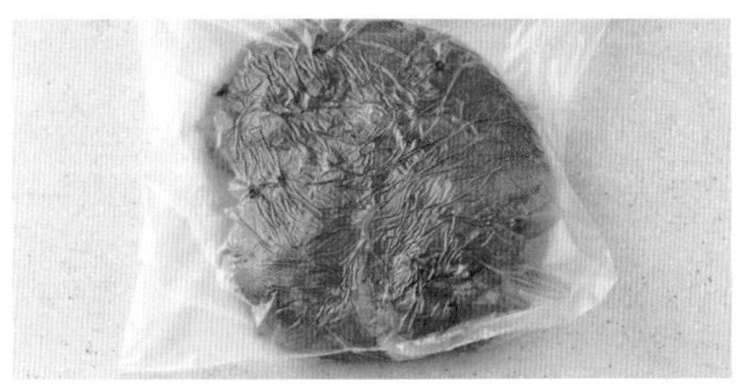

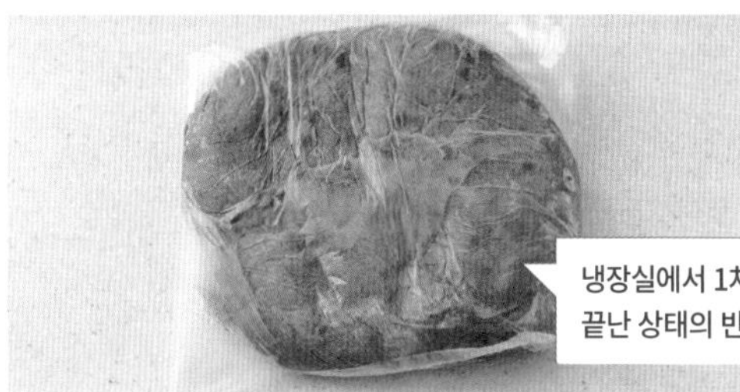

7 양손을 이용해 반죽 표면이 매끈해지게 둥글린 후 뚜껑이 있는 반죽통 또는 비닐에 반죽을 넣고 냉장실에서 12~24시간 1차 발효시킨다.

TIP 냉장 온도가 집집마다 다르기 때문에 2배로 부풀었다면 12시간이 되지 않았더라도 꺼내어 분할을 시작할 수 있어요. 반죽은 12~24시간 내에 사용해요.

분할하기(+ 휴지)

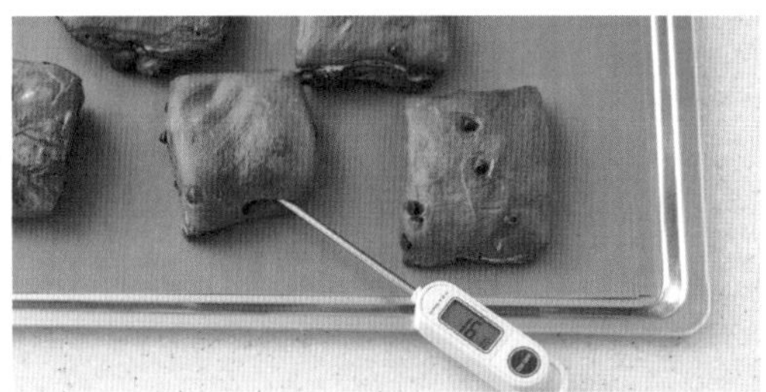

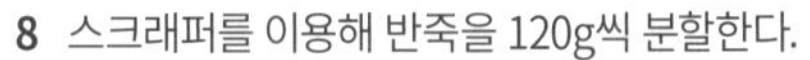

8 스크래퍼를 이용해 반죽을 120g씩 분할한다.

TIP 펀칭(접기)을 하는 베이글에 비해 볼륨이 작기 때문에 120g으로 분할해요.

9 반죽이 마르지 않게 면포나 비닐을 덮고 반죽 온도가 16°C 정도가 될 때까지 24~25°C 실온에 20분 정도 휴지시킨다.

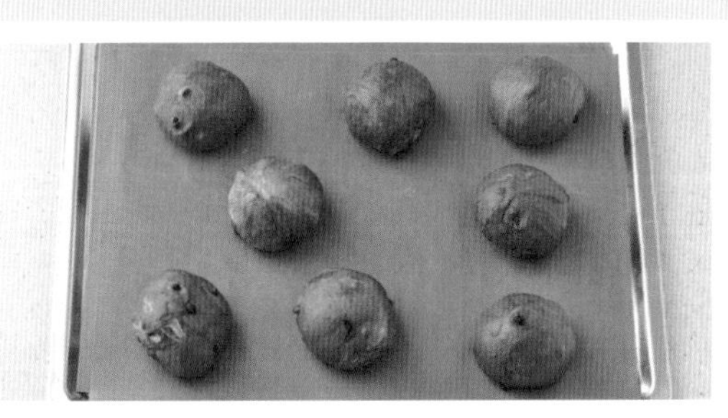

10 반죽 온도가 16°C가 되면 반죽을 손바닥으로 가볍게 눌러 평평하게 편 후 가운데로 접고 양손을 이용해 반죽 표면을 매끈하게 둥글린다.

11 반죽이 마르지 않게 면포나 비닐을 덮고 24~25°C 실온에서 다시 20분 정도 휴지시킨다.

성형하기

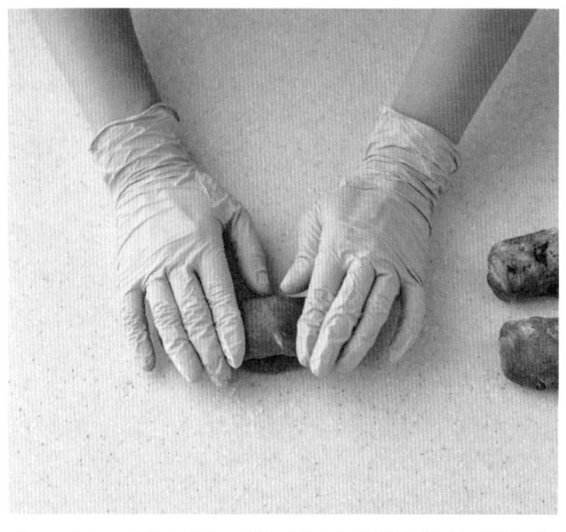

12 반죽을 손바닥으로 가볍게 눌러 평평하게 편 후 반죽의 매끈한 면이 바닥으로 가도록 올리고 같은 방향으로 두 번 접는다.

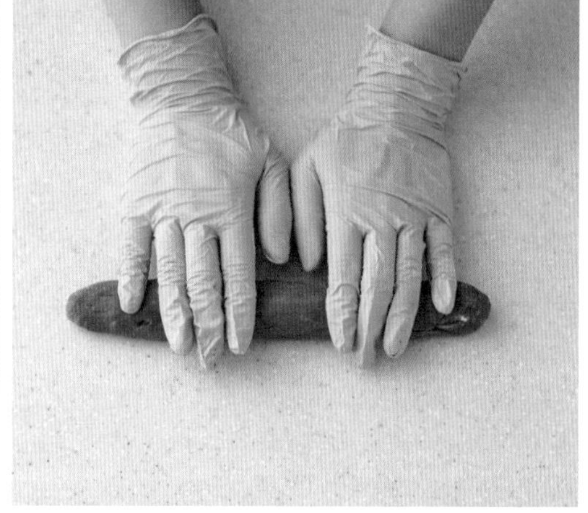

13 손바닥으로 반죽을 굴리면서 23~25cm 길이로 늘인다.

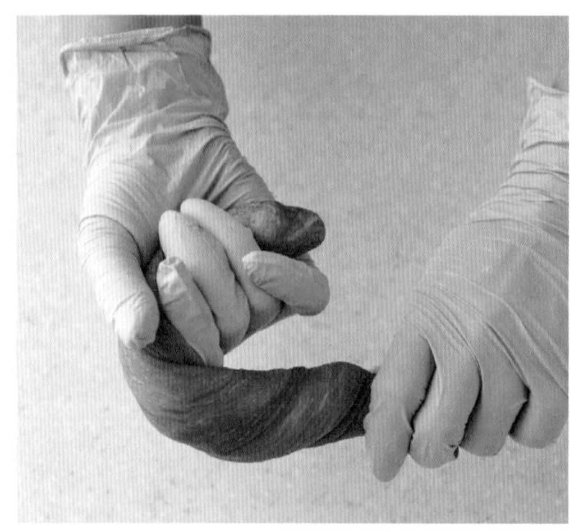

14 손바닥을 각각 아래위로 교차시키면서 반죽을 한 방향으로 비틀어 꼰 후 반죽 양끝을 손바닥 위에서 3~4cm 정도 맞닿게 겹쳐 모은다.

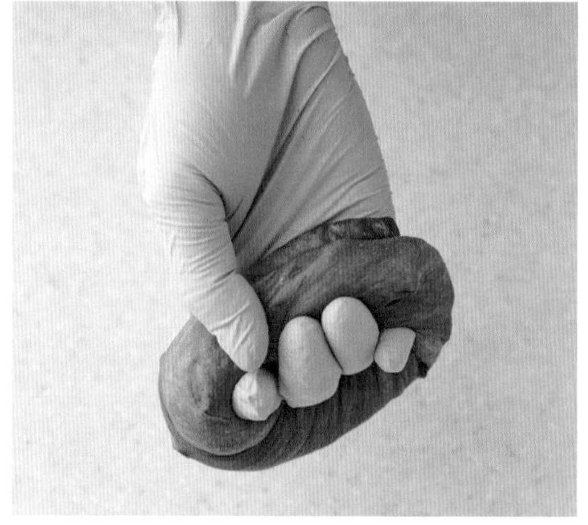

15 겹친 반죽 끝의 이음매를 단단히 붙여 고정시킨 후 작업대 위에 대고 굴린다.

TIP 반죽에 붙은 덧가루를 잘 털어 주어야 데칠 때 이음매가 떨어지지 않아요.

2차 발효하기(+ 오븐 예열, 데치는 물 준비)

16 12×12cm 크기의 종이포일 위에 반죽을 올리고 24~25°C 정도의 실온에서 40분 정도 2차 발효시킨다.

TIP 겨울철이나 실내 온도가 23°C 보다 낮은 경우 오븐을 200°C로 20초간 켰다 끈 후 비닐을 덮은 반죽을 넣어 발효시켜도 돼요.

17 오븐을 예열(컨벡션 오븐 190°C, 데크 오븐 윗불, 아랫불 각 220°C)하고 반죽 데칠 물을 끓인다.

TIP 데치는 물에 설탕, 꿀을 넣고 잘 저어줘야 바닥에 눌어붙지 않아요.

데치기

18 90~95°C 정도의 물에 반죽을 넣고 각각 30초씩 데친다.

TIP 여러 종류의 베이글을 데치는 경우 초코 베이글은 가장 마지막에 데쳐요.

19 데친 반죽을 테프론 시트를 깐 철판 위에 간격을 두고 올린다.

굽기

20 190°C로 예열한 컨벡션 오븐에 반죽을 넣고 12~13분간 고른 색이 나도록 굽는다(데크 오븐은 220°C에서 13~15분). 식힘망 위에 올려 식힌다.

TIP 색이 나기 시작하면 초코칩이 타서 쓴맛이 날 수 있어요. 오븐에 넣고 8분이 지난 시점부터는 색을 봐가며 온도를 조절해요.

양파 베이컨 베이글

INGREDIENT

16개 분량

반죽

- 강력분(맥선) 1,000g
- 설탕 60g
- 소금(꽃소금) 20g
- 인스턴트 드라이 이스트(레드) 6g
- 무염 버터 80g
- 우유 280g
- 물 320g
- 다진 양파 100g
- 채 썬 베이컨 60g

양파 토핑

- 양파 슬라이스 180g
- 양파가루 15g
- 슈레드 치즈 60g(에멘탈, 모짜렐라 등)
- 올리브유 15g
- 소금 약간
- 후춧가루 약간

데치는 물

- 물 5컵(1ℓ)
- 설탕 15g
- 꿀 15g
- 베이킹소다 5g

반죽에는 볶은 양파와 구운 베이컨을 넣고 토핑으로 양파가루와 치즈에 버무린 짭조름한 양파 슬라이스를 올린 베이글입니다. 반죽용 양파와 베이컨은 색이 나지 않을 정도로 볶는 게 중요해요. 양파를 많이 볶으면 반죽이 지저분해 보이고 베이컨은 식었을 때 딱딱해져요.
그냥 먹어도 맛있지만 달달한 크림치즈 스프레드와도 아주 잘 어울려요.

레시피는 스파 믹서 기준입니다.
소형 스탠드 믹서 또는 제빵기는 1/2분량으로 조절하세요.

- 쪽파 크림치즈 스프레드(122쪽)
- 고르곤졸라 크림치즈 스프레드(124쪽)

HOW TO MAKE

준비하기

1 팬에 반죽 재료의 다진 양파, 포도씨유(약간)를 넣고 중약 불에서 투명해질 때까지 볶은 후 키친타월에 받쳐 기름을 빼고 완전히 식힌다.

2 양파 볶은 팬을 채 썬 베이컨을 넣어 중약 불에서 노릇하게 구운 후 키친타월에 받쳐 기름을 빼고 완전히 식힌다.

믹싱하기

3 믹싱볼에 과정 ①, ②의 양파와 베이컨을 제외한 나머지 재료를 모두 넣는다.

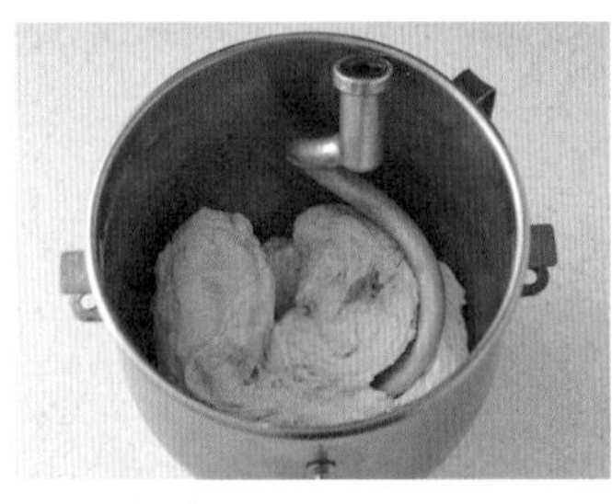

4 저속(1단)으로 돌려 반죽이 하나로 뭉쳐지기 시작하면 5분 정도 더 믹싱한다.

5 중속(2단)으로 속도를 올려 반죽 표면이 매끈해질 때까지 5~6분 정도 믹싱한다.

6 볶은 양파와 베이컨을 넣고 1단에서 30초, 2단에서 30~40초간 가볍게 믹싱한다(최종 반죽 온도 25~26°C).

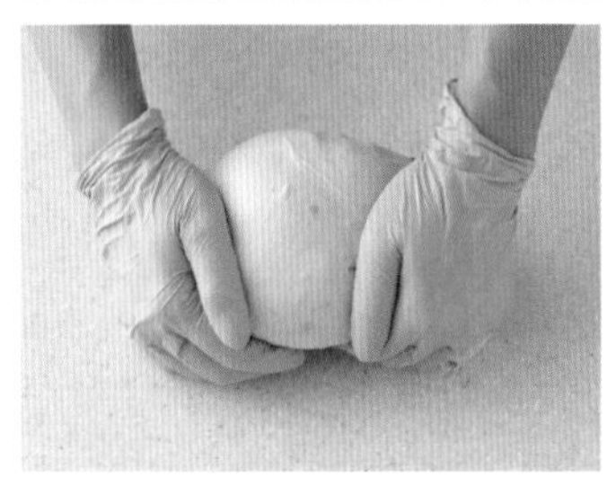

7 양손을 이용해 반죽 표면을 매끈하게 둥글린다.

1차 저온 발효하기

냉장실에서 1차 발효가 끝난 상태의 반죽

8 뚜껑이 있는 반죽통 또는 비닐에 반죽을 넣고 냉장실에서 12~24시간 1차 발효시킨다.

TIP 반죽은 12~24시간 내에 사용해요.

분할하기(+ 휴지)

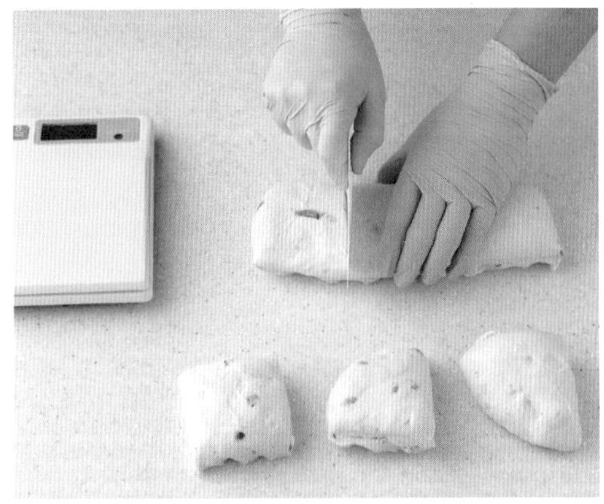

9 스크래퍼를 이용해 반죽을 120g씩 분할한다.

TIP 펀칭(접기)를 하는 베이글에 비해 볼륨이 작기 때문에 120g으로 분할해요.

10 반죽이 마르지 않게 면포나 비닐을 덮고 반죽 온도가 16°C 정도가 될 때까지 24~25°C 실온에서 20분간 휴지시킨다.

11 반죽을 둥글린 후 마르지 않게 면포나 비닐을 덮고 24~25°C 실온에서 다시 20분 정도 휴지시킨다.

TIP 반죽 온도가 18°C 이상일 때 성형해야 2차 발효 시간이 40~50분 정도 걸려요. 18°C보다 낮으면 시간이 더 걸려요.

성형하기

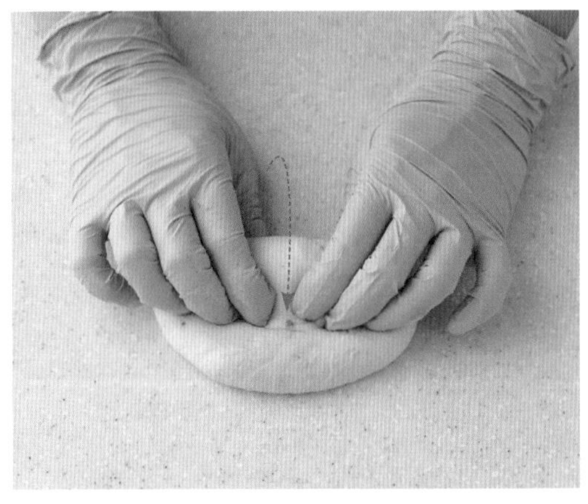

12 반죽을 손바닥으로 가볍게 눌러 평평하게 편 후 반죽의 매끈한 면이 바닥으로 가도록 올리고 같은 방향으로 두 번 접는다.

성형하기

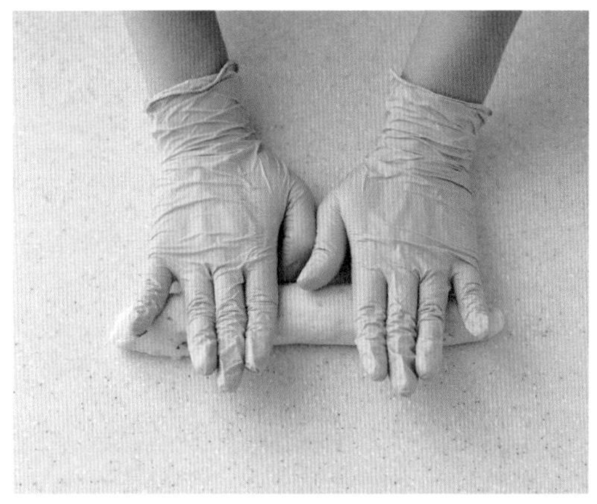

13 손바닥으로 반죽을 굴리면서 23~25cm 길이로 늘인 후 손바닥을 각각 아래위로 교차시키면서 반죽을 한 방향으로 비틀어 꼰다.

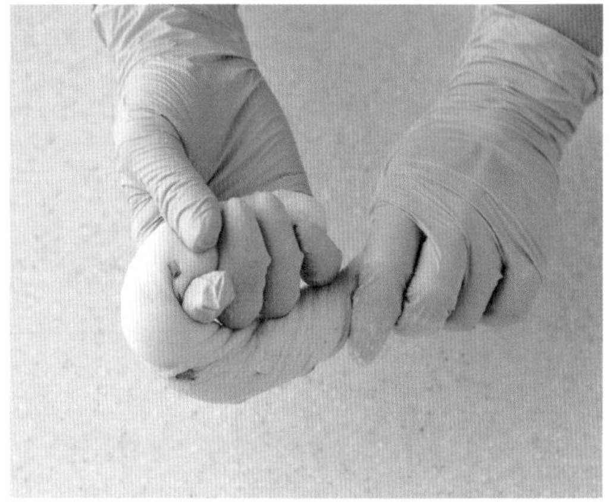

14 반죽 양끝을 손바닥 위에서 3~4cm 정도 맞닿게 겹쳐 모은 후 작업대 위에 대고 굴리면서 이음매를 단단히 고정시킨다.

2차 발효하기(+오븐 예열, 데치는 물 준비, 양파 토핑 만들기)

2차 발효가 끝난 상태의 반죽

15 12×12cm 크기의 종이포일 위에 반죽을 올리고 24~25°C 정도의 실온에서 40분 정도 2차 발효시킨다. 오븐을 예열(컨벡션 오븐 200°C, 데크 오븐 윗불, 아랫불 각 220°C)하고 반죽 데칠 물을 끓인다.

TIP 겨울철이나 실내 온도가 23°C 보다 낮은 경우 오븐을 200°C로 20초간 켰다 끈 후 비닐을 덮은 반죽을 넣어 발효시켜도 돼요.

16 볼에 양파 토핑 재료를 넣고 섞는다.

TIP 양파 토핑은 미리 섞으면 물이 생기니 사용 직전에 만들어요.

데치기

17 90~95°C 정도의 물에 반죽을 종이째 엎어 넣고 30초간 데치면서 종이를 떼어낸 후 반죽을 뒤집어 다시 30초간 데친다.

TIP 데치는 물에 베이킹소다를 소량 넣으면 구움색이 좀 더 고르게 나와요.

굽기

18 윗면에 양파 토핑을 20~25g씩 올린다

19 200°C로 예열한 컨벡션 오븐에 반죽을 넣고 12분간 고른 색이 나도록 굽는다(데크 오븐은 220°C에서 13~15분). 식힘망 위에 올려 식힌다.

TIP 굽는 시간과 온도는 오븐의 사양에 따라 달라질 수 있어요.

명란베이글

짭조름한 명란 소스는 심플한 맛의 플레인 베이글과 잘 어울려요. 베이글 위에 명란 소스를 짜서 구운 후 조미하지 않은 김을 얇게 잘라 올려보세요. 완성도가 훨씬 높아집니다. 명란 소스는 바게트에 활용해도 좋아요.

INGREDIENT

12개 분량

- 플레인 베이글 12개 * 만들기 28쪽
- 채 썬 김 약간

명란 소스

- 실온 상태의 버터 30g
- 백명란 80g
- 사워크림 15g
- 마요네즈 30g
- 꿀 15g
- 다진 마늘 1쪽 분량
- 소금 1g

소스 분량은 베이글 개수에 따라 조절하세요.

HOW TO MAKE

명란 소스 준비하기

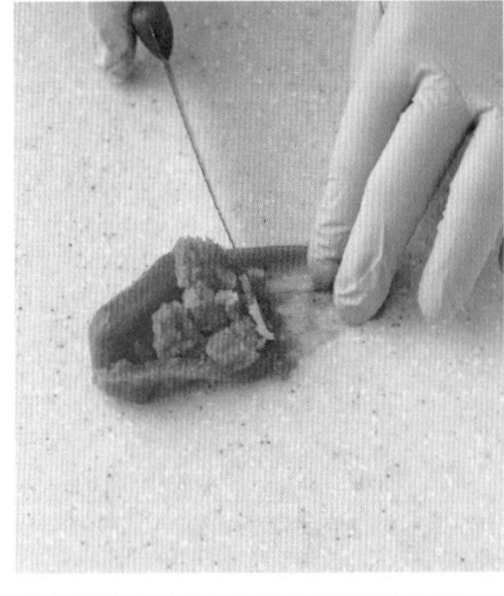

1 명란 소스의 명란은 껍질을 갈라 칼등으로 알만 긁어낸다.

2 볼에 명란 소스 재료 중 버터를 넣어 매끈하게 풀고 나머지 재료를 모두 넣어 섞은 후 짤주머니에 채운다.

완성하기

3 완전히 식은 플레인 베이글 윗면에 명란 소스를 10~15g씩 짠다.

4 160°C 컨벡션 오븐(데크 오븐 180°C)에 베이글을 넣고 4~5분 정도 살짝 말리듯이 구운 후 채 썬 김을 올린다.

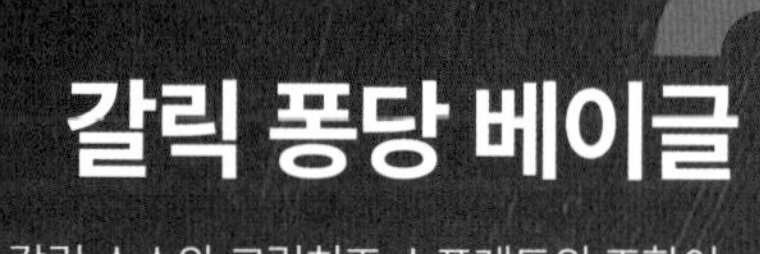

갈릭 퐁당 베이글

갈릭 소스와 크림치즈 스프레드의 조합이
자꾸만 손이 가게 되는 베이글입니다.
남은 마늘 소스는 마늘 크루통(165쪽)이나
식빵에 발라 마늘빵을 만들어도 돼요.
냉동 보관도 가능하니 넉넉하게
만들어두고 다양하게 활용하세요.

INGREDIENT

15개 분량

- 플레인 베이글 15개 * 만들기 28쪽

마늘 소스

- 무염 버터 200g
- 생크림 35g(또는 동물성 휘핑크림)
- 설탕 58g
- 연유 52g
- 마요네즈 56g
- 다진 마늘 52g
- 마늘가루 8g
- 레몬즙 8g
- 파슬리가루 3g
- 소금 3g

크림치즈 필링

- 크림치즈 750g
- 설탕 47g

소스 분량은 베이글 개수에 따라 조절하세요.

HOW TO MAKE

마늘 소스&크림치즈 필링 준비하기

1 볼에 마늘 소스 재료를 모두 넣고 섞는다. 다른 볼에 크림치즈 필링 재료를 넣고 덩어리 없이 매끈하게 섞은 후 짤주머니에 담는다.

완성하기

2 완전히 식은 플레인 베이글에 칼집을 넣고 베이글 윗면에 ①의 마늘 소스를 붓을 이용해 골고루 바른다.

TIP 마늘 소스는 사용하기 직전에 중탕으로 녹여요.

3 160°C 컨벡션 오븐(데크 오븐 180°C)에 베이글을 넣고 4~5분 정도 살짝 말리듯이 굽는다.

4 다시 완전히 식힌 후 칼집 사이에 크림치즈 필링을 총 50g 정도 짠다.

겉바속촉 식감

화덕 풍미 플레인 베이글

베이킹용 돌판을 이용해 화덕 느낌으로 구운 플레인 베이글입니다.
고온에서 단시간에 굽기 때문에 겉은 바삭하고 속은 촉촉하죠. 풀리쉬를 사용하고 펀칭(접기)을
했기 때문에 볼륨감이 좋고 뉴욕 베이글에 비해 노화도 느린 편이에요.

INGREDIENT

23개 분량

풀리쉬

- 강력분(곰표) 250g
- 인스턴트 드라이 이스트(레드) 1g
- 물 250g

본반죽

- 강력분(곰표) 850g
- 박력분 150g
- 설탕 80g
- 인스턴트 드라이 이스트(레드) 10g
- 플레인 요거트 100g
- 포도씨유 80g
- 물 480g
- 풀리쉬 전량 500g
- 소금(꽃소금) 26g

데치는 물

- 물 5컵(1ℓ)
- 설탕 20g
- 꿀 20g

레시피는 스파 믹서 기준입니다.
소형 스탠드 믹서 또는 제빵기는
1/2분량으로 조절하세요.

HOW TO MAKE

풀리쉬 만들기

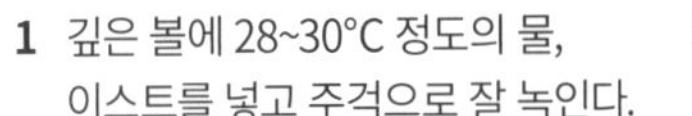

1 깊은 볼에 28~30°C 정도의 물,
이스트를 넣고 주걱으로 잘 녹인다.

TIP 깊이가 있는 볼을 사용하면
온도 손실이 적어 발효가 빨리 돼요.

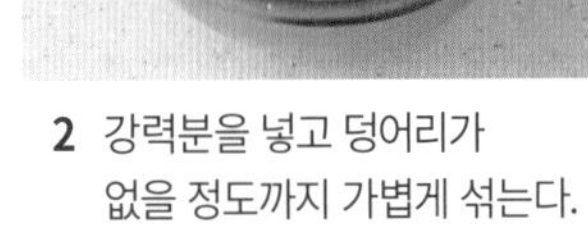

2 강력분을 넣고 덩어리가
없을 정도까지 가볍게 섞는다.

3 표면이 마르지 않게 뚜껑을
덮거나 랩을 씌워 24~25°C
실온인 경우 3시간 정도
발효시킨다. 온도가 낮으면
시간은 더 소요된다.

TIP 1시간 30분 정도 발효시킨 후
냉장실에 넣어 다음날 사용해도 돼요.
바로 사용하지 못할 경우나
더운 여름철에는 냉장실에서
하루 동안 보관 가능해요.

HOW TO MAKE

믹싱하기

4 믹싱볼에 소금을 제외한 본반죽 재료를 모두 넣는다.

TIP 손반죽과 제빵기 반죽은 23쪽을 참고하세요.

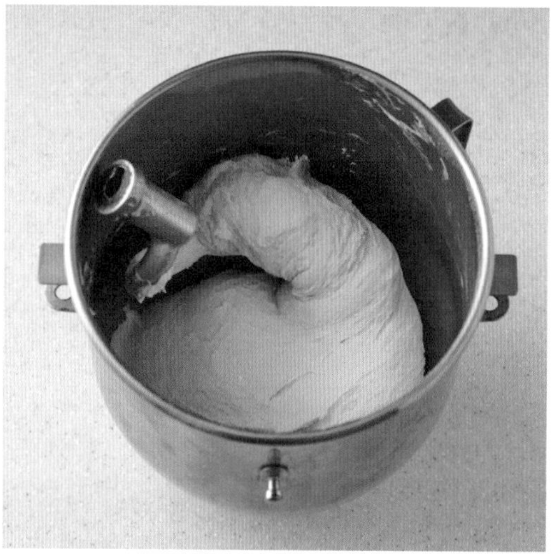

5 저속(1단)으로 돌려 반죽이 하나로 뭉쳐지기 시작하면 5분 정도 더 믹싱한다.

6 중속(2단)으로 속도를 올려 1분 정도 믹싱한 후 소금을 한 번에 넣는다.

글루텐의 얇은 막이 형성되면서 잘 늘어나는 상태의 반죽

7 반죽 표면이 매끈하고 탄력이 있을 때까지 중속(2단)으로 5~6분 정도 믹싱한다(최종 반죽 온도 26~27°C).

TIP 믹싱볼 용량에 비해 반죽량이 적은 경우 믹싱 시간이 길어져요. 반죽 시간이 길어져 반죽이 목표 온도(27°C)를 넘어가는 경우 믹싱볼 아래 얼음물을 받쳐 최종 반죽 온도를 꼭 맞춰주세요.

1차 발효하기(+ 펀칭)

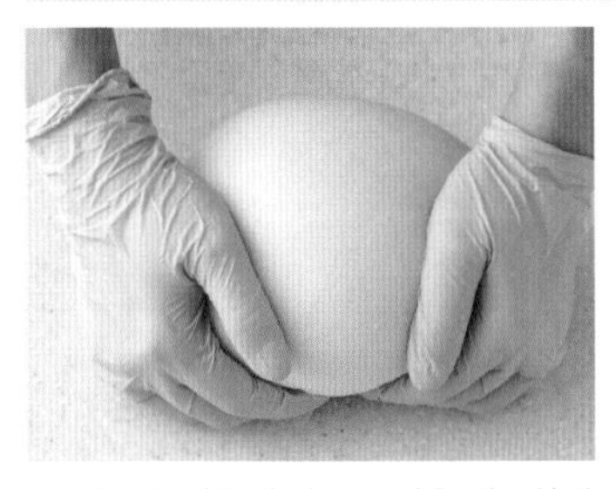

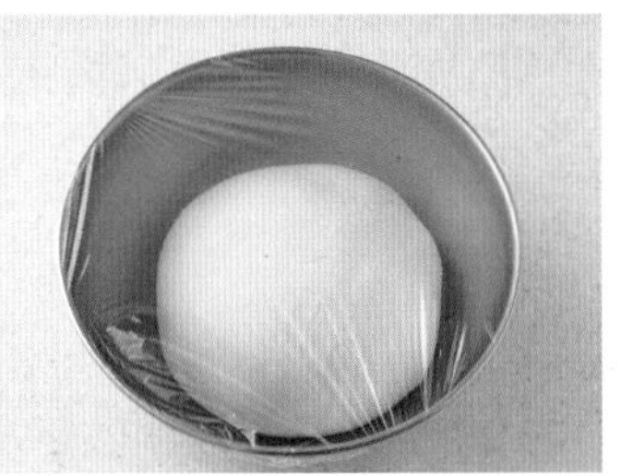

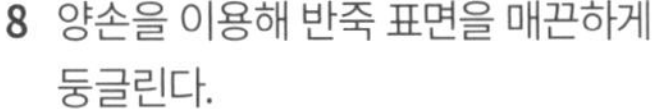

8 양손을 이용해 반죽 표면을 매끈하게 둥글린다.

9 볼에 반죽을 넣고 랩을 씌운 후 24~25°C 정도의 실온에서 40분간 1차 발효시킨다.

TIP 겨울철이나 실내 온도가 23°C 보다 낮은 경우 오븐을 200°C로 20초간 켰다 끈 후 랩을 씌운 반죽을 넣어 발효시키면 발효기와 같은 효과를 낼 수 있어요.

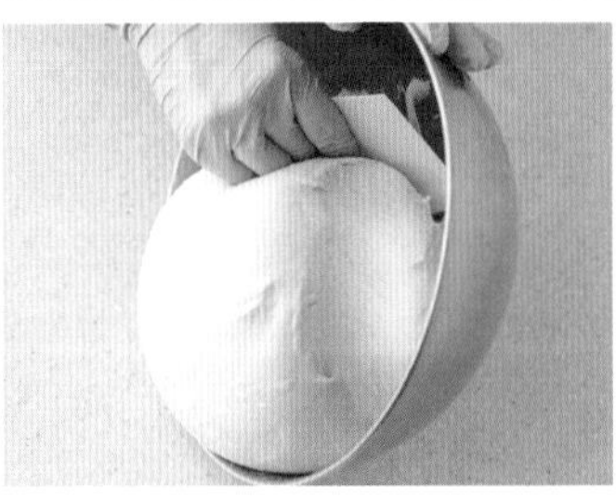

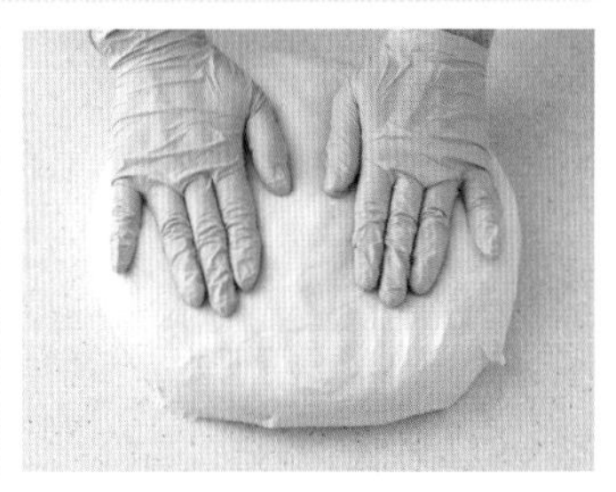

10 반죽 표면에 덧가루를 살짝 뿌린다.

11 스크래퍼를 이용해 반죽을 볼에서 꺼내 작업대 위에 엎어 올린다.

12 손바닥으로 반죽을 가볍게 누르면서 가스를 뺀다.

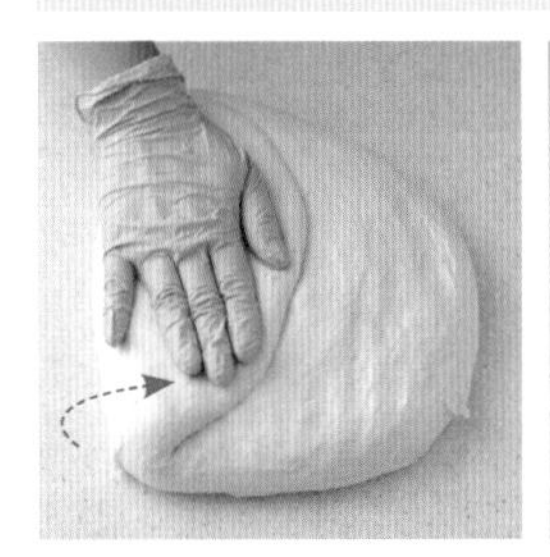

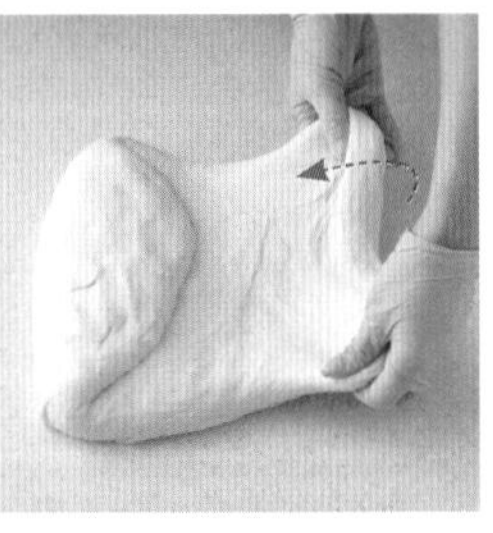

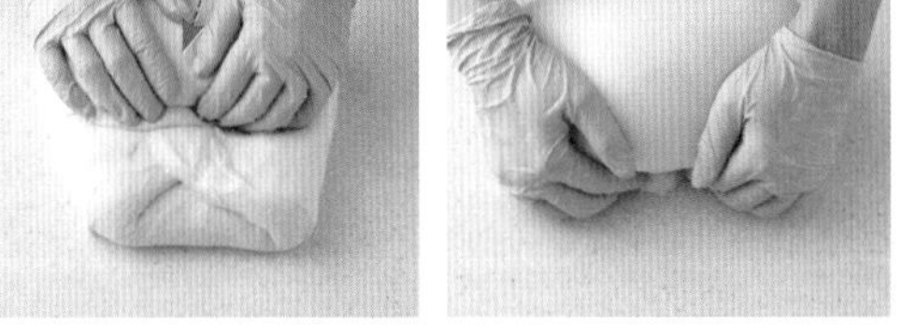

13 반죽 양옆을 당기듯이 늘려 가운데로 접으면서 펀칭한다.

14 반죽을 한 방향으로 만다.

1차 발효하기(+ 펀칭)

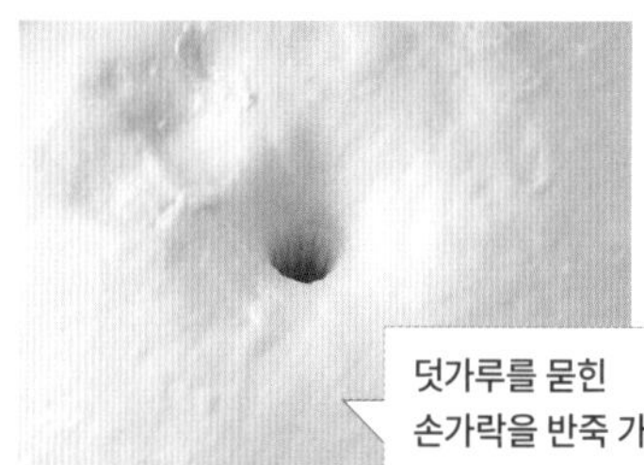

덧가루를 묻힌 손가락을 반죽 가운데 찔렀을 때 반죽에 난 구멍이 천천히 줄어들면 1차 발효가 완료된 상태

15 반죽을 다시 둥글린 후 볼에 넣고 랩을 씌워 24~25°C 정도의 실온에서 40분간 더 발효시킨다.

TIP 펀칭을 하면 반죽에 힘이 생기고 볼륨감이 좋아져요. 펀칭 없이 40분간 1차 발효시켜도 돼요.

분할하기(+ 휴지)

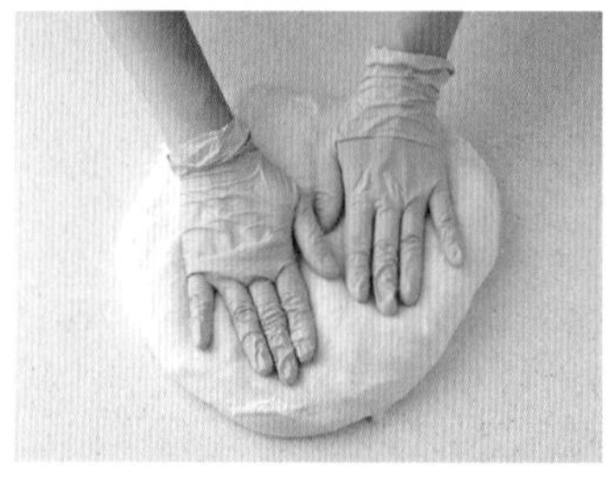

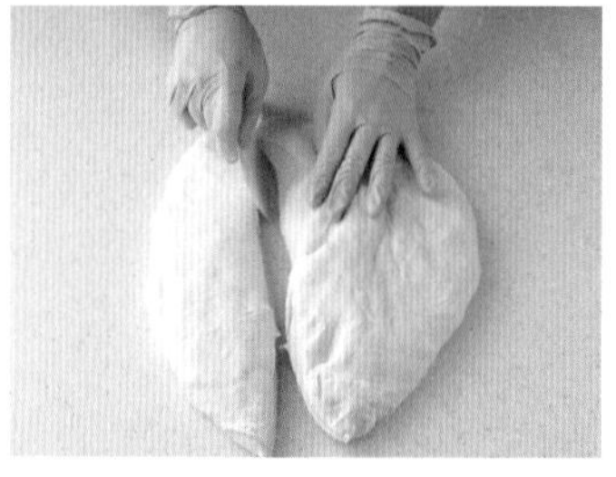

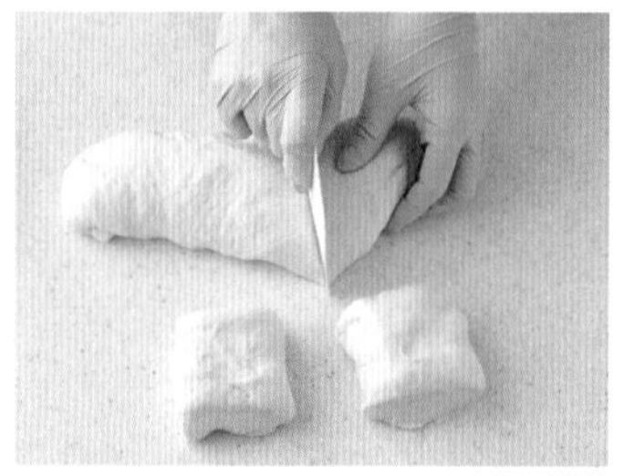

16 반죽 표면에 덧가루를 뿌리고 작업대 위에 엎어 올린 후 손바닥으로 반죽을 가볍게 누르면서 가스를 뺀다.

17 스크래퍼를 이용해 반죽을 길쭉하게 3등분한다.

TIP 반죽을 사각형으로 분할할 수 있게 자르는 것이 좋아요.

18 스크래퍼를 이용해 100g씩 분할한다.

TIP 펀칭을 하지 않았다면 120g으로 분할해요.

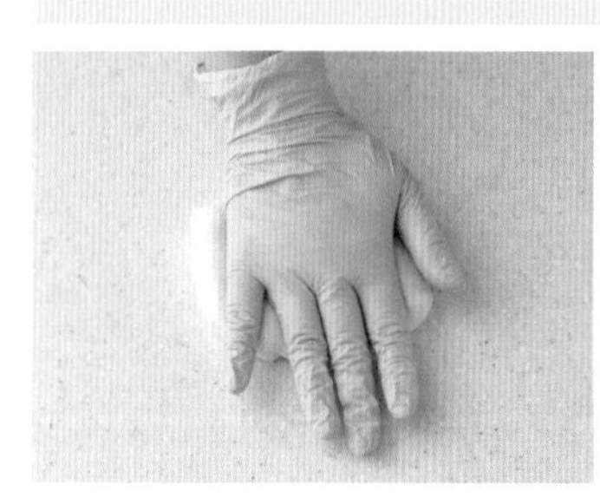

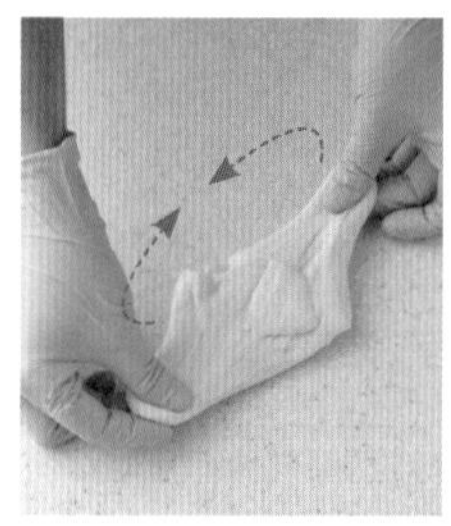

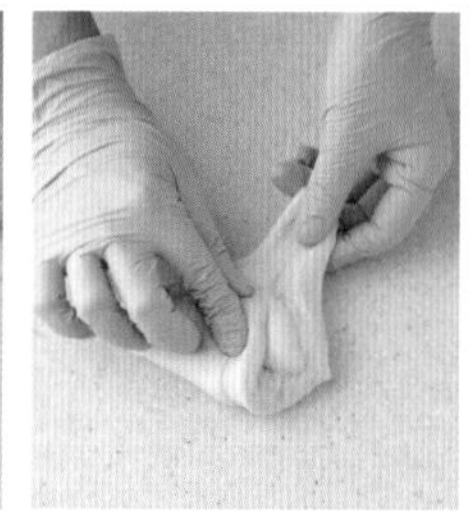

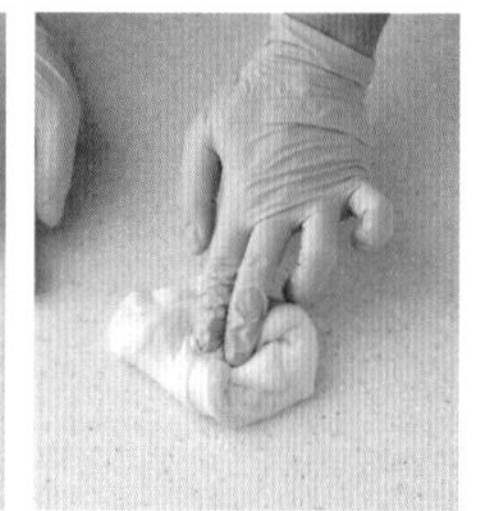

19 반죽을 손바닥으로 가볍게 눌러 평평하게 편다.

20 반죽 양쪽 끝을 대각선 방향으로 잡아당기면서 가운데로 접어 모은다.

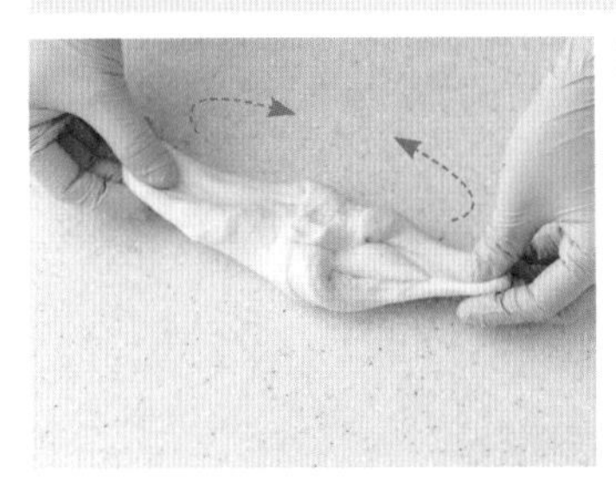
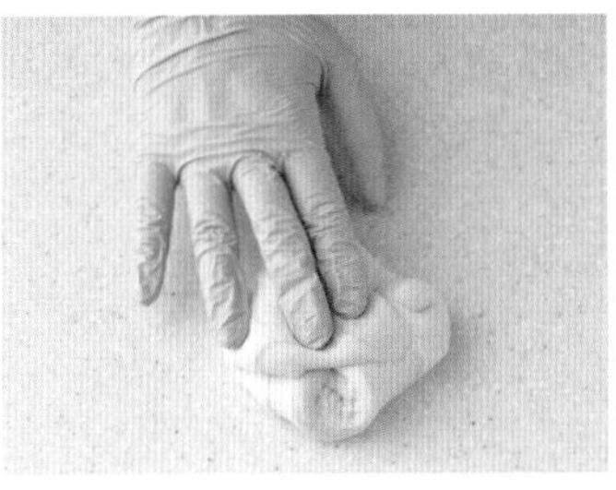

21 반죽 다른쪽 끝을 다시 대각선 방향으로 잡아당기면서 가운데로 접어 모은다.

22 반죽의 매끈한 면이 위로 가도록 뒤집은 후 양손으로 둥글린다.

23 반죽이 마르지 않게 천이나 비닐을 덮어 24~25°C 정도의 실온에서 20분간 휴지시킨다.

TIP 반죽을 휴지시키면 늘어나기 쉽게 이완되어 성형하기 좋아요.

성형하기

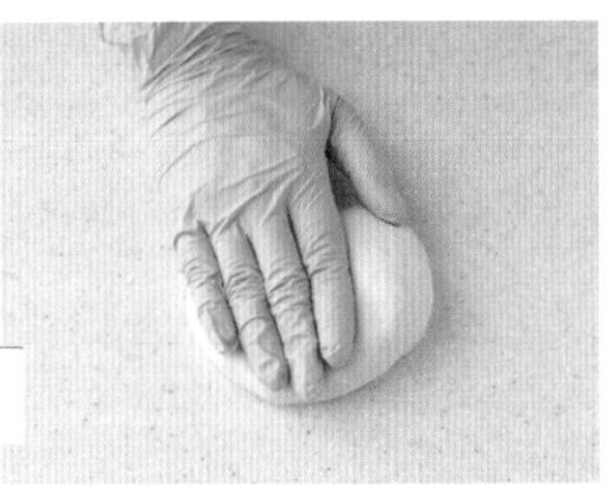

24 작업대 위에 반죽의 매끈한 면이 바닥으로 가도록 올리고 손바닥으로 눌러 편다.

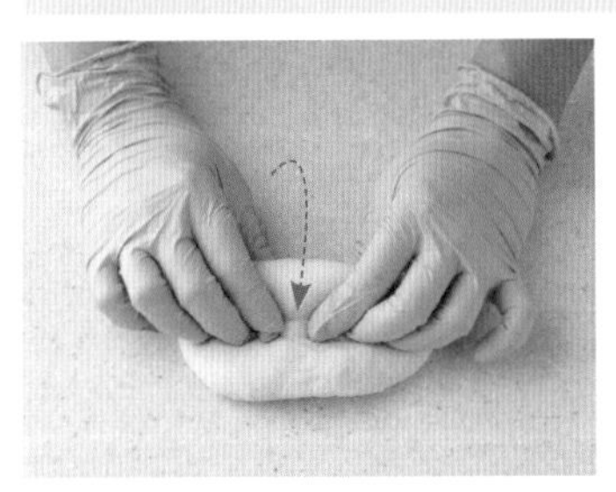

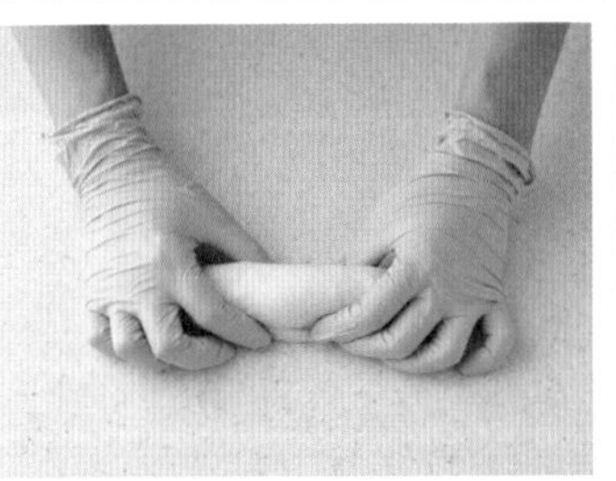

25 반죽을 같은 방향으로 두 번 접는다.

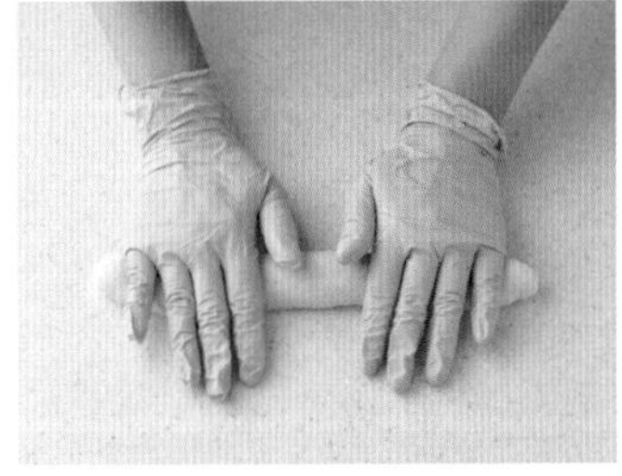

26 손바닥으로 반죽을 굴리면서 23~25cm 길이로 늘인다.

성형하기

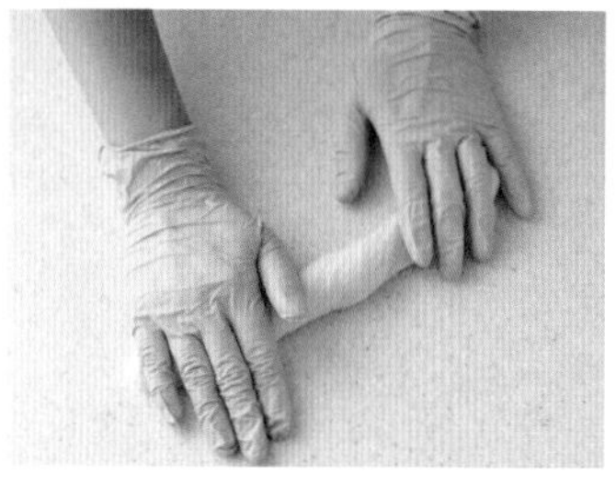

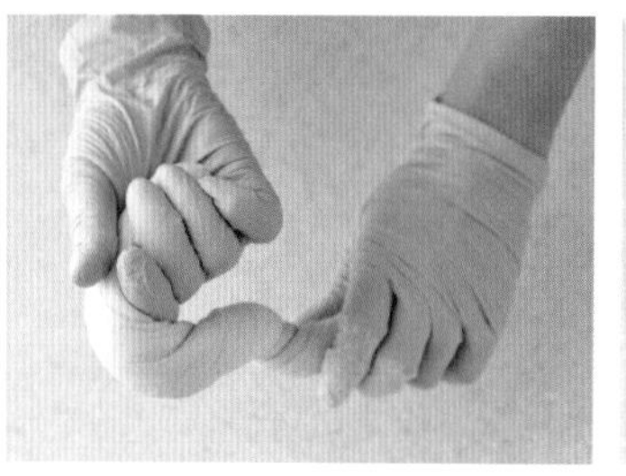

27 손바닥을 각각 아래위로 교차시키면서 반죽을 비틀어 꼰다.

28 반죽을 꼰 상태 그대로 반죽 양끝을 손바닥 위에서 3~4cm 정도 겹쳐 모은다.

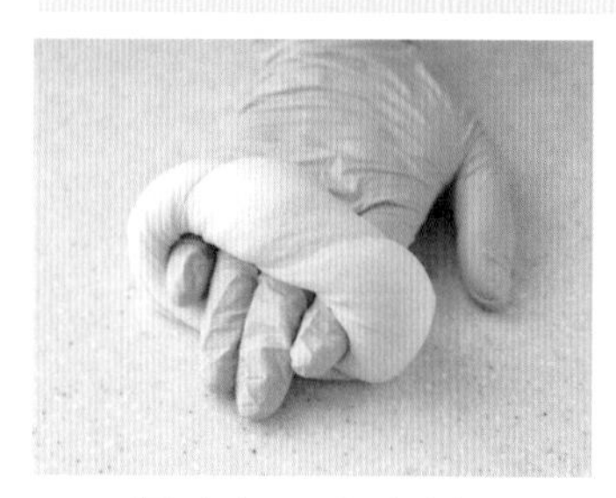

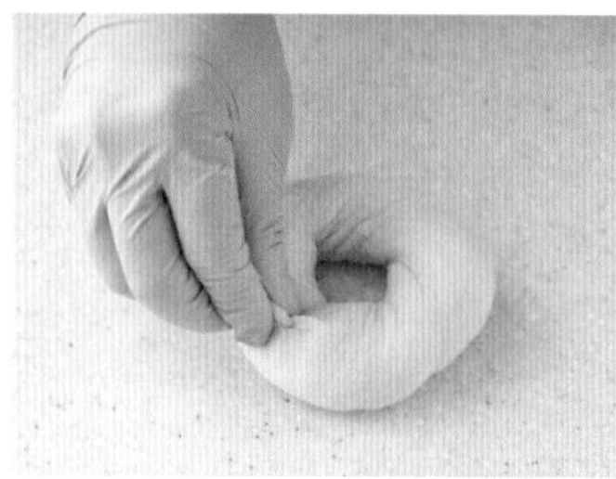

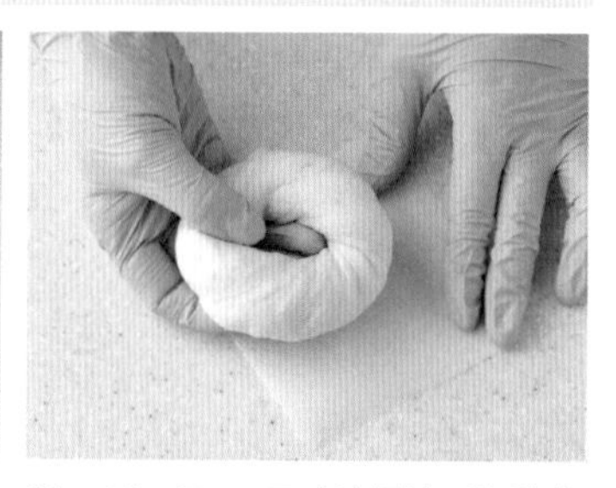

29 겹쳐진 반죽 끝을 작업대 위에 대고 굴린다.

30 반죽 이음매를 단단히 붙여 고정시킨다.

31 12×12cm 크기의 종이포일 위에 반죽을 올린다.

2차 발효하기(+ 오븐 예열, 데치는 물 준비)

2차 발효가 완료된 반죽 상태

32 반죽통 또는 철판 위에 반죽을 올리고 24~25°C 정도의 실온에서 30~35분 정도 2차 발효시킨다.

33 오븐에 베이킹용 돌판을 넣고 최고 온도(250°C)까지 30분 이상 예열한다. 예열되는 동안 반죽 데칠 물을 끓인다.

TIP 베이킹용 돌판은 예열까지 30분 이상 소요되므로 미리 켜주는 게 좋아요.

TIP 데치는 물에 설탕, 꿀을 넣고 잘 저어줘야 바닥에 눌어붙지 않아요.

TIP 화덕 베이글은 고온에서 굽기 때문에 베이킹 소다를 넣지 않아요.

데치기

34 물이 끓어오르면 불을 낮추고 반죽을 종이째로 얹어 올린 후 30초간 데치면서 종이를 떼어낸다.

35 주걱 2개를 이용해 반죽을 뒤집고 다시 30초간 데친다.

TIP 물이 팔팔 끓는 상태에서 데치면 구웠을 때 반죽 표면이 쭈글쭈글해져요. 불을 낮춰 기포가 줄어들면 반죽을 넣고 90~95°C를 유지하면서 데쳐요.

굽기

TIP 스팀 기능이 없는 오븐이라면 분무기를 사용해요.

TIP 스팀을 분사하면 겉은 바삭, 속은 촉촉한 베이글이 돼요.

TIP 굽는 시간과 온도는 오븐의 사양에 따라 달라질 수 있어요.

36 데친 반죽을 테프론 시트를 깐 철판 위에 간격을 두고 올린다.

TIP 40×30cm 크기의 철판에는 최대 8개의 반죽을 올릴 수 있어요.

37 컨벡션 오븐은 반죽을 넣고 스팀을 분사한 후 3분간 굽고 오븐을 열어 한 번 더 스팀을 분사한다. 다시 오븐에 넣고 3~4분 정도 색을 봐가며 노릇하게 굽는다(데크 오븐은 반죽을 넣고 스팀 분사 후 윗불 260°C, 아랫불 230°C에서 9~10분). 식힘망 위에 올려 식힌다.

올리브 치즈 베이글

INGREDIENT
25개 분량

풀리쉬
- 강력분(곰표) 250g
- 인스턴트 드라이 이스트(레드) 1g
- 물 250g

본반죽
- 강력분(곰표) 850g
- 박력분 150g
- 설탕 65g
- 인스턴트 드라이 이스트(레드) 10g
- 플레인 요거트 100g
- 포도씨유 80g
- 물 460g
- 풀리쉬 전량 500g * 만들기 53쪽
- 소금(꽃소금) 26g
- 통조림 블랙 올리브 80g
- 롤치즈(서울우유) 120g

데치는 물
- 물 5컵(1ℓ)
- 설탕 20g
- 꿀 20g

올리브 치즈 베이글은 그대로 먹어도 맛있지만 스프레드를 바르거나 샌드위치용으로도 무난해 식사는 물론 간식으로 활용하기 좋은 베이글입니다. 올리브는 물에 담가 짠기를 뺀 후 물기를 완전히 제거하고 넣어야 반죽이 질어지지 않아요.

레시피는 스파 믹서 기준입니다.
소형 스탠드 믹서 또는 제빵기는 1/2분량으로 조절하세요.

- 플레인 크림치즈(112쪽 또는 필라델피아)
- 쪽파 크림치즈 스프레드(122쪽)
- 토마토 바질 크림치즈 스프레드(126쪽)
- 버라이어티 소스(128쪽)

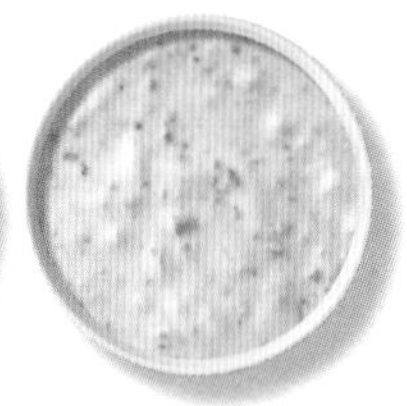

HOW TO MAKE

준비하기

1 올리브는 찬물에 30분 이상 담가 짠기를 뺀다.

TIP 올리브를 통째로 물에 담가야 맛이 많이 빠지지 않아요.

2 세에 밭쳐 물기를 제거하고 적당한 크기로 썬 후 키친타월에 올려 한 번 더 물기를 제거한다.

믹싱하기

3 믹싱볼에 소금, 올리브 슬라이스, 롤치즈를 제외한 본반죽 재료를 모두 넣는다.

TIP 손반죽과 제빵기 반죽은 23쪽을 참고하세요.

4 저속(1단)으로 돌려 반죽이 하나로 뭉쳐지기 시작하면 5분 정도 더 믹싱한다. 중속(2단)으로 속도를 올려 1분 정도 믹싱한 후 소금을 한 번에 넣는다.

5 반죽 표면이 매끈하고 탄력이 있을 때까지 중속(2단)으로 5~6분 정도 믹싱한 후 올리브 슬라이스, 롤치즈를 넣고 1단에서 30초~1분간 고루 섞는다(최종 반죽 온도 26~27°C).

1차 발효하기(+ 펀칭)

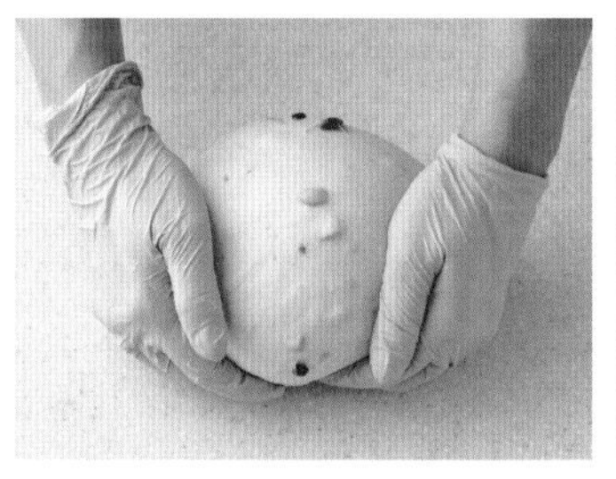

6 양손을 이용해 반죽 표면이 매끈해지게 둥글린다.

7 볼에 반죽을 넣고 랩을 씌운 후 24~25°C 정도의 실온에서 40분간 1차 발효시킨다.

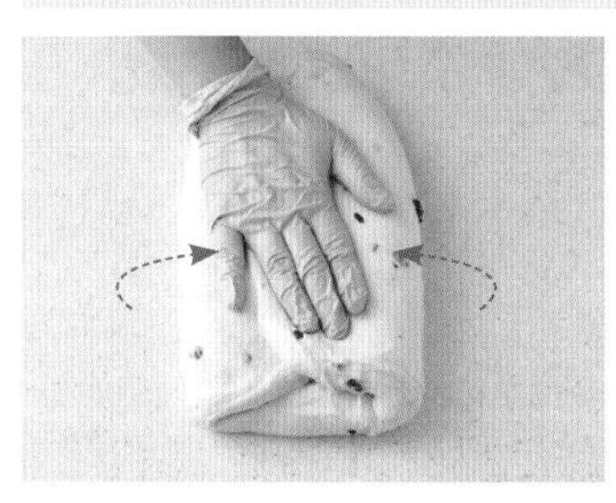

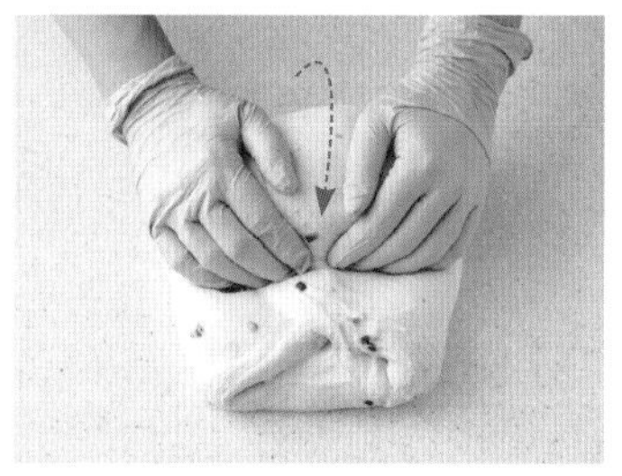

8 반죽을 작업대 위에 올려 가볍게 누르면서 가스를 빼고 반죽 양옆을 당기듯이 늘려 가운데로 접는다.

9 반죽을 한 방향으로 만다.

10 반죽을 다시 둥글려 볼에 넣고 랩을 씌워 24~25°C 정도의 실온에서 40분간 더 발효시킨다.

분할하기(+ 휴지)

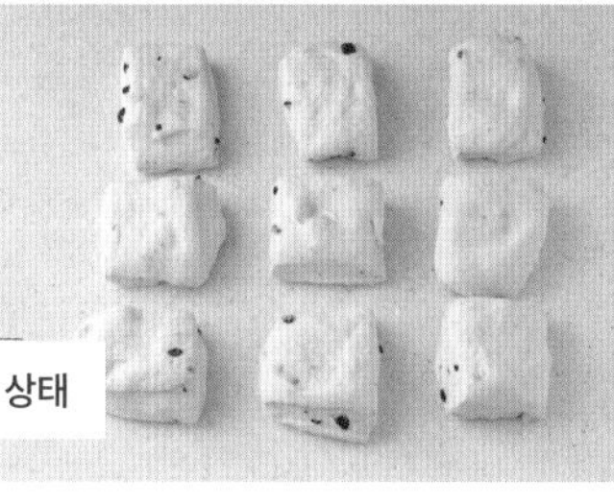

TIP 펀칭을 하면 반죽에 힘이 생기고 볼륨감이 좋아져요. 펀칭 없이 40분간 1차 발효시켜도 돼요.

11 반죽을 작업대 위에 엎어 올리고 손바닥으로 가볍게 누르면서 가스를 뺀 후 스크래퍼를 이용해 100g씩 분할한다.

12 반죽이 둥글린 후 마르지 않게 천이나 비닐을 덮어 24~25°C 정도의 실온에서 20분간 휴지시킨다.

성형하기

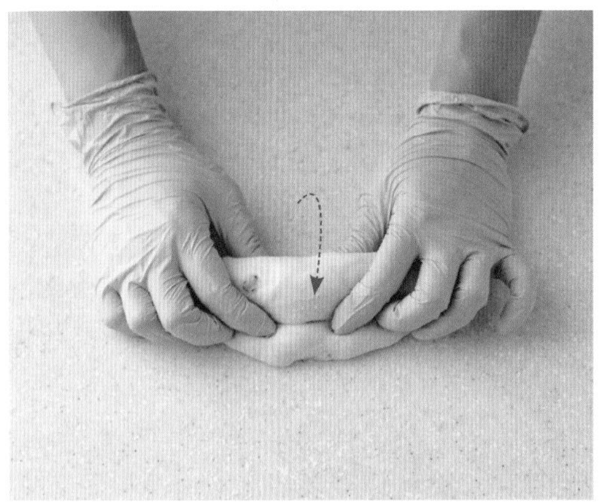

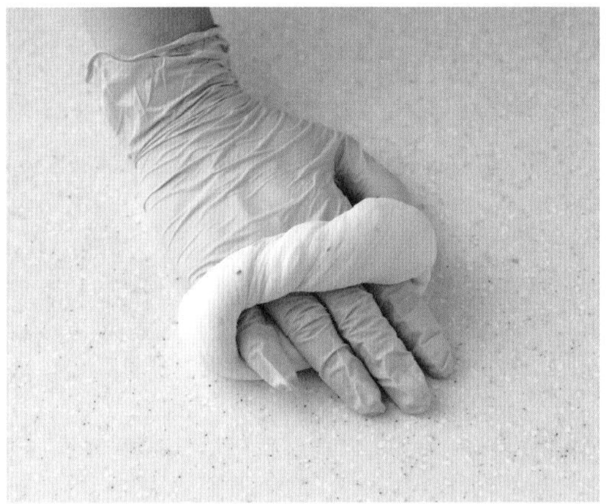

13 작업대 위에 반죽의 매끈한 면이 바닥으로 가도록 올리고 손바닥으로 눌러 편 후 반죽을 같은 방향으로 두 번 접는다.

TIP 반죽을 밀어 펼 때 밀대를 이용해도 돼요. 고형의 부재료가 들어간 반죽은 밀대로 힘을 주어 밀면 반죽이 찢어지거나 바닥에 달라붙기 쉬우니 주의해요.

14 손바닥으로 반죽을 굴리면서 23~25cm 길이로 늘인 후 비틀어 꼬으고 겹쳐 모은 반죽 끝을 작업대 위에 대고 굴린다.

2차 발효하기(+ 오븐 예열, 데치는 물 준비)

2차 발효가 완료된 반죽 상태

15 이음매를 잘 고정시킨 후 12×12cm 크기의 종이포일 위에 반죽을 올린다.

TIP 반죽을 종이 위에 하나씩 올려 발효시켜야 반죽을 데칠 때 옮기기 편해요.

TIP 겨울철이나 실내 온도가 23°C 보다 낮은 경우 오븐을 200°C로 20초간 켰다 끈 후 비닐을 덮은 반죽을 넣어 발효시켜도 돼요.

16 오븐에 베이킹용 돌판을 넣고 최고 온도(250°C)까지 30분 이상 예열한다. 예열되는 동안 반죽 데칠 물을 끓인다.

TIP 베이킹용 돌판은 예열까지 30분 이상 소요되므로 미리 켜주는 게 좋아요.

TIP 데치는 물에 설탕, 꿀을 넣고 잘 저어줘야 바닥에 눌어붙지 않아요.

데치기

17 물이 끓어오르면 반죽을 종이째로 엎어 올린 후 30초간 데치면서 종이를 떼어낸다.

18 주걱 2개를 이용해 반죽을 뒤집고 다시 30초간 데친다.

19 데친 반죽을 테프론 시트를 깐 철판 위에 간격을 두고 올린다.

굽기

20 컨벡션 오븐은 반죽을 넣고 스팀을 분사한 후 3분간 굽고 오븐을 열어 한 번 더 스팀을 분사한다. 다시 문을 닫고 3분 정도 색을 봐가면서 노릇하게 굽는다(데크 오븐은 반죽을 넣고 스팀 분사 후 윗불 260°C, 아랫불 230°C에서 9~10분). 식힘망 위에 올려 식힌다.

TIP 스팀 기능이 없는 오븐이라면 분무기를 사용해요.

TIP 스팀을 분사하면 겉은 바삭, 속은 촉촉한 베이글이 돼요.

TIP 굽는 시간과 온도는 오븐의 사양에 따라 달라질 수 있어요.

호두 무화과 베이글

INGREDIENT
26개 분량

풀리쉬
- 강력분 250g
- 인스턴트 드라이 이스트(레드) 1g
- 물 250g

본반죽
- 강력분 850g
- 박력분 150g
- 설탕 65g
- 인스턴트 드라이 이스트(레드) 10g
- 플레인 요거트 90g
- 포도씨유 80g
- 물 420g
- 풀리쉬 전량 500g * 만들기 53쪽
- 소금(꽃소금) 28g
- 호두 분태 160g
- 무화과 콩피 150g

무화과 콩피(3~4회 분량)
- 반건조 무화과 300g
- 레드와인 500g
- 화이트와인 100g
- 설탕 30g

데치는 물
- 물 5컵(1ℓ)
- 설탕 20g
- 꿀 20g

쌉싸래한 호두와 와인에 달달하게 졸인 무화과 콩피의 조합이 훌륭한 베이글입니다. 호두 분태는 깨끗이 씻은 후 오븐에서 충분히 구워야 떫은 맛이 덜하고 고소함이 배가돼요. 무화과 콩피는 무화과 크림치즈 스프레드(116쪽)나 무화과잼 프로슈토 샌드위치(156쪽)에서 감초 역할을 합니다.

레시피는 스파 믹서 기준입니다.
소형 스탠드 믹서 또는 제빵기는
1/2분량으로 조절하세요.

- 플레인 크림치즈(112쪽 또는 필라델피아)
- 마늘 크림치즈 스프레드(124쪽)

HOW TO MAKE

준비하기

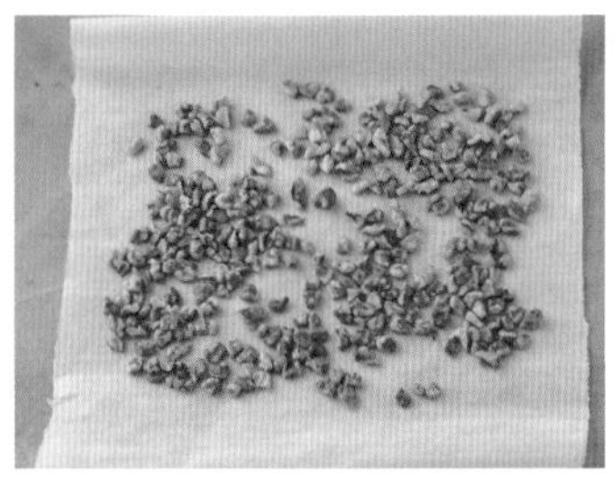

1 호두 분태는 깨끗이 씻어 170°C로 예열한 오븐에서 12분 정도 구운 후 완전히 식힌다.

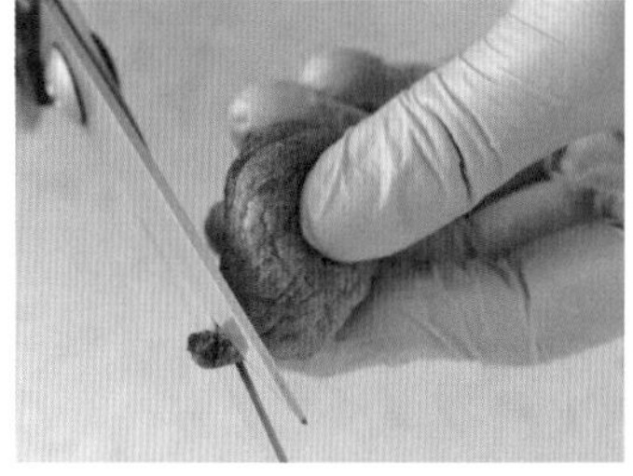

2 반건조 무화과의 꼭지를 가위로 깨끗하게 정리한다.

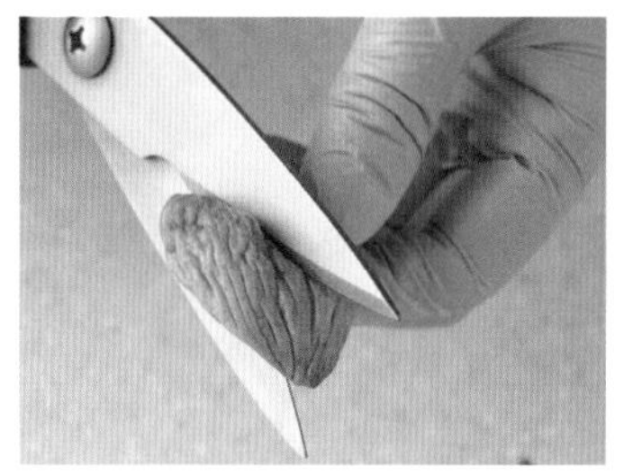

3 ②의 무화과를 가위로 2등분한다.

4 냄비에 무화과 콩피 재료를 모두 넣고 중약 불에 올린다.

5 수분이 자작하게 남을 정도까지 30~40분 정도 졸인 후 식힌다. 분량만큼 잘게 썬다.

TIP 레드와인의 탄닌 성분때문에 화이트와인을 함께 사용해 떫은맛은 줄이고 풍부한 맛과 향을 더했어요.

TIP 무화과 콩피는 소독한 밀폐 용기에 넣어 한달 정도 냉장 보관 가능해요.

TIP 무화과 콩피의 수분이 많은 경우 반죽이 질어질 수 있어요. 수분이 많다면 체에 밭쳐 수분을 살짝 말려 사용해요.

믹싱하기

6 믹싱볼에 소금, 호두 분태, 무화과 콩피를 제외한 본반죽 재료를 모두 넣는다.

7 저속(1단)으로 돌려 반죽이 하나로 뭉쳐지기 시작하면 5분 정도 더 믹싱한다.

8 중속(2단)으로 속도를 올려 1분 정도 믹싱한 후 소금을 한 번에 넣는다.

9 반죽 표면이 매끈하고 탄력이 있을 때까지 중속(2단)으로 5~6분 정도 믹싱한 후 호두 분태, 무화과 콩피를 넣고 저속에서 가볍게 믹싱한다. 중속으로 올려 30초~1분 정도 고루 섞는다 (최종 반죽 온도 26~27°C).

TIP 반죽 온도가 목표 온도 (27°C)보다 높을 경우 믹싱볼 아래 얼음물을 받쳐 최종 반죽 온도를 꼭 맞춰주세요.

1차 발효하기(+ 펀칭)

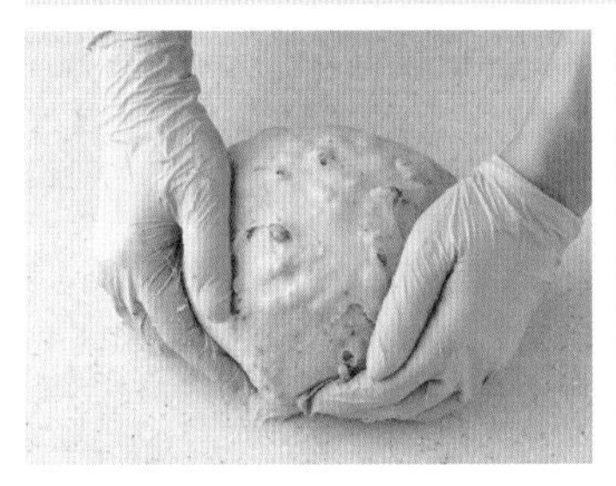

40분간 발효된 반죽 상태

10 양손을 이용해 반죽 표면을 매끈하게 둥글린다.

11 볼에 반죽을 넣고 랩을 씌운 후 24~25°C 정도의 실온에서 40분간 1차 발효시킨다.

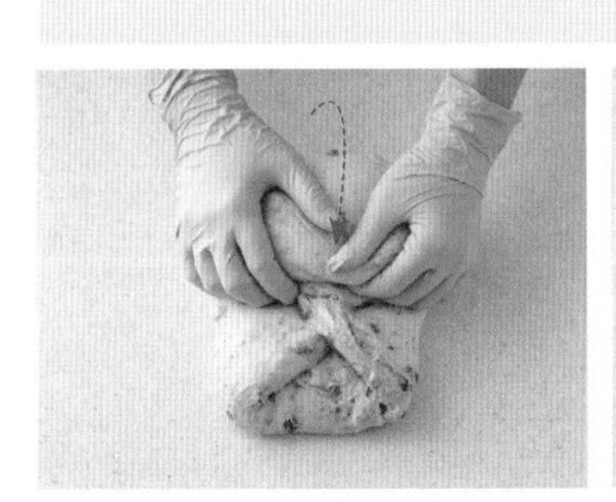

1차 발효가 완료된 반죽 상태

12 반죽을 작업대 위에 올려 가볍게 누르면서 가스를 빼고 가운데로 접은 후 돌돌 만다.

13 반죽을 다시 둥글려 볼에 넣고 랩을 씌워 24~25°C 정도의 실온에서 40분간 더 발효시킨다.

TIP 펀칭을 하면 반죽에 힘이 생기고 볼륨감이 좋아져요. 펀칭 없이 40분간 1차 발효시켜도 돼요.

분할하기(+ 휴지)

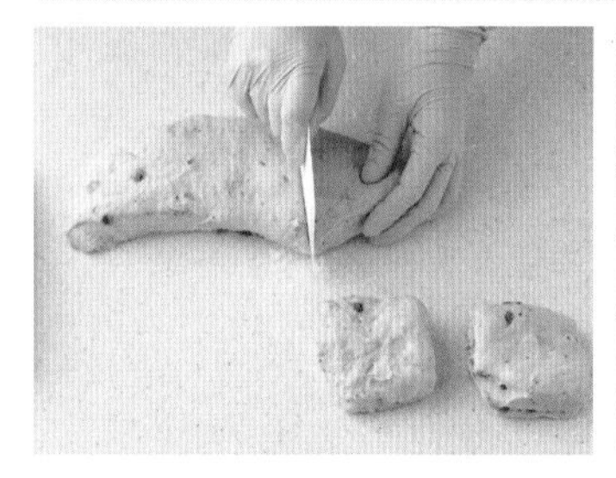

14 반죽을 손바닥으로 가볍게 누르면서 가스를 뺀 후 스크래퍼를 이용해 100g씩 분할한다.

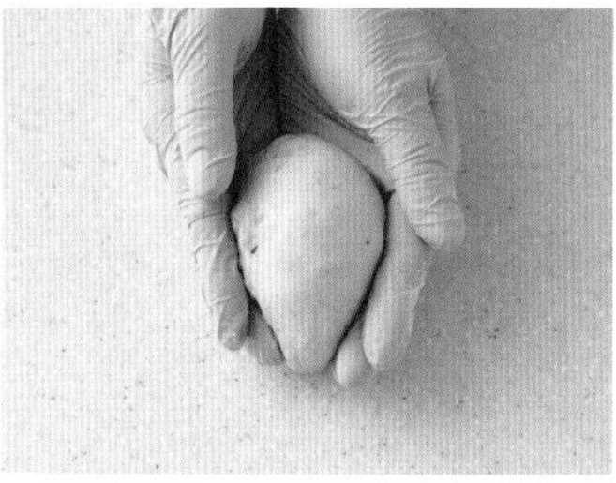

15 반죽을 가운데로 접어 모은 후 매끈한 면이 위로 가도록 양손으로 둥글린다.

16 반죽이 마르지 않게 천이나 비닐을 덮어 24~25°C 정도의 실온에서 20분간 휴지시킨다.

성형하기

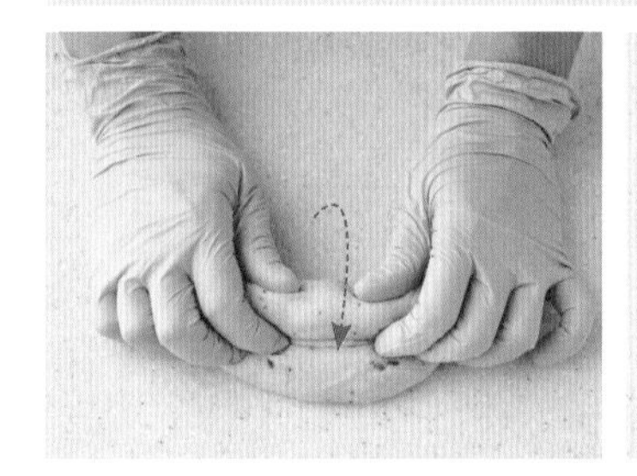

17 작업대 위에 반죽을 올리고 손바닥으로 눌러 편 후 같은 방향으로 두 번 접는다.

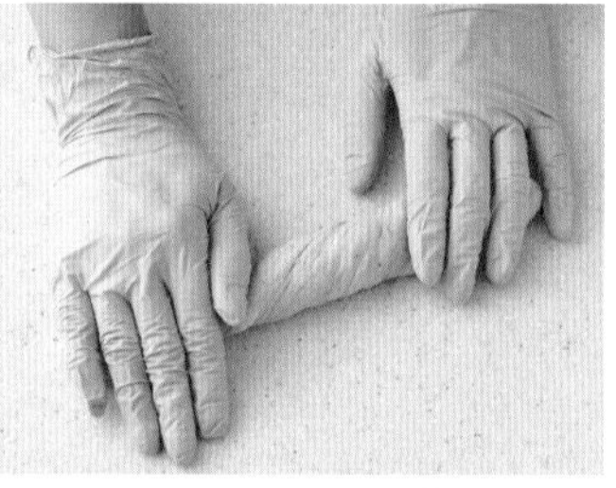

18 반죽을 굴리면서 23~25cm 길이로 늘인 후 손바닥을 각각 아래위로 교차시키면서 비틀어 꼰다.

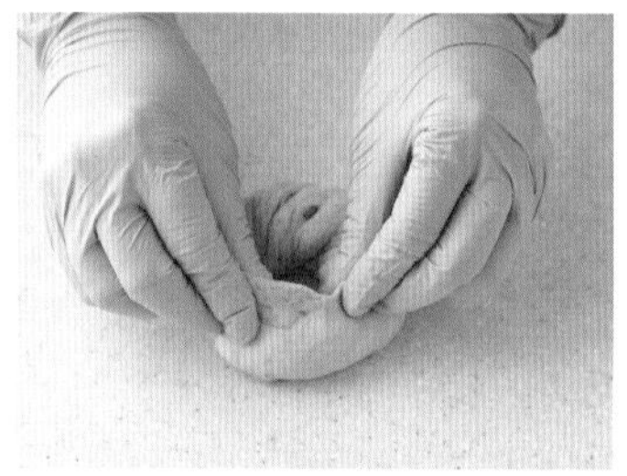

19 반죽 양끝을 손바닥 위에서 겹쳐 모으고 작업대 위에 대고 굴린 후 반죽 이음매를 단단히 붙여 고정시킨다.

2차 발효하기(+ 오븐 예열, 데치는 물 준비)

2차 발효가 완료된 반죽 상태

20 12×12cm 크기의 종이포일 위에 반죽을 올린다. 반죽통 또는 철판 위에 반죽을 올리고 24~25°C 정도의 실온에서 30~35분 정도 2차 발효시킨다. 오븐은 최고 온도(250°C)까지 예열하고 반죽 데칠 물을 끓인다.

데치기

21 물이 끓어오르면 불을 줄이고 반죽을 종이째로 엎어 올린 후 30초간 데치면서 종이를 떼어낸다.

22 주걱 2개를 이용해 반죽을 뒤집고 다시 30초간 데친다.

TIP 화덕 베이글은 고온에서 굽기 때문에 베이킹 소다를 넣지 않아요.

굽기

23 데친 반죽을 테프론 시트를 깐 철판 위에 간격을 두고 올린다.

TIP 40×30cm 크기의 철판에는 최대 8개의 반죽을 올릴 수 있어요.

24 컨벡션 오븐은 반죽을 넣고 스팀을 분사한 후 3분간 굽고 오븐을 열어 한 번 더 스팀을 분사한다. 다시 문을 닫고 3분 정도 색을 봐가며 노릇하게 굽는다(데크 오븐은 반죽을 넣고 스팀 분사 후 윗불 260°C, 아랫불 230°C에서 9~10분). 식힘망 위에 올려 식힌다.

TIP 스팀 기능이 없는 오븐이라면 분무기를 사용해요.

TIP 스팀을 분사하면 겉은 바삭, 속은 촉촉해져요.

TIP 굽는 시간과 온도는 오븐의 사양에 따라 달라질 수 있어요.

어니언마요 베이글
(레시피 73, 75쪽)

콘마요 베이글
(레시피 73, 74쪽)

콘마요 베이글&어니언마요 베이글

INGREDIENT

콘마요 베이글

- 플레인 베이글 반죽 23개 * 만들기 52쪽

콘마요 토핑
- 통조림 옥수수 340g
- 마요네즈 45g
- 파마산파우더 15g
- 슈레드 피자치즈 60g
- 설탕 8g
- 파슬리가루 3g

어니언마요 베이글

- 플레인 베이글 23개 * 만들기 52쪽

어니언마요 토핑
- 양파 슬라이스 300g
- 고추장 30g
- 설탕 16g
- 토마토케첩 12g
- 마요네즈 25g
- 슈레드 피자치즈 120g
- 카이엔페퍼 1g(생략 가능)
- 파슬리가루 1g
- 소금 약간
- 후춧가루 약간

토핑 분량은 베이글 개수에 따라 조절하세요.

플레인 베이글을 활용할 수 있는 2가지 토핑 베이글을 소개합니다. 콘마요 베이글은 굽기 전 베이글 반죽 위에 콘마요 토핑을 올려 구워요. 어니언마요 베이글은 완성된 베이글 위에 어니언마요 토핑을 올려 한 번 더 구워냅니다. 마요네즈 베이스에 옥수수로 고소함을 더한 콘마요 베이글, 고추장과 양파로 깔끔한 맛을 낸 어니언마요 베이글 모두 간식으로 너무 좋아요. 특히 어니언마요의 자극적이면서도 매콤한 맛이 은근 중독성이 강하답니다.

HOW TO MAKE

콘마요 토핑 준비하기

1 콘마요 토핑의 통조림 옥수수는 체에 밭쳐 물기를 제거한 후 볼에 콘마요 토핑 재료를 모두 넣고 섞는다.

굽기

2 플레인 베이글(52쪽) 과정 ㊱번까지 동일하게 진행한 후 ①의 토핑을 1큰술씩 올린다.

3 230°C로 예열한 컨벡션 오븐에 반죽을 넣고 210°C로 낮춰 색을 봐가면서 10~12분 정도 굽는다 (데크 오븐은 윗불 260°C, 아랫불 230°C로 예열 후 9~10분).

TIP 콘마요의 옥수수에 수분이 많기 때문에 스팀 없이 구워요.

HOW TO MAKE

어니언마요 토핑 준비하기

1 팬에 포도씨유(약간)를 두르고 어니언마요 토핑의 양파 슬라이스(0.5cm 두께)를 넣은 후 중간 불에서 1~2분 정도 가볍게 볶는다.

2 불에서 내려 치즈를 제외한 나머지 어니언마요 토핑 재료를 넣고 섞는다.

완성하기

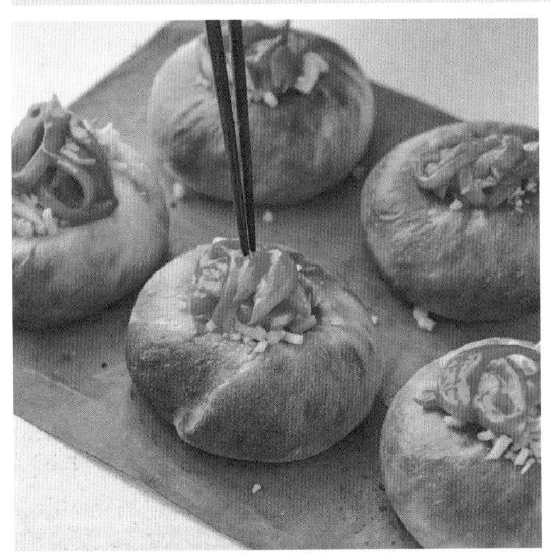

3 플레인 베이글 위에 치즈 → ②의 토핑 → 치즈 순으로 1큰술씩 올린다.

4 190~200°C 컨벡션 오븐(데크 오븐은 210°C)에 베이글을 넣고 치즈가 녹을 정도까지 2~3분간 굽는다.

걸바속촉 식감

버터 솔트 베이글

버터 솔트베이글은 쫄깃한 식감을 위해 강력분에 타피오카전분을 섞어 만드는데,
부드러운 버터와의 밸런스가 아주 좋아요. 풀리쉬를 사용하지 않아
공정이 비교적 간단하고 일반 오븐에 굽기 때문에 돌판이 필요 없어요.

INGREDIENT
15개 분량

반죽
- 강력분 880g
- 타피오카전분 120g
  (이든 타피오카전분,
  파인소프트-티로 대체 가능)
- 설탕 60g
- 인스턴트 드라이 이스트(레드) 8g
- 우유 300g
- 무염 버터 60g
- 물 300g
- 소금(꽃소금) 20g

토핑&샌드
- 입자가 굵은 소금 40~50g
  (프레즐 솔트 또는 게랑드 소금)
- 고메 버터 약 400g

데치는 물
- 물 5컵(1ℓ)
- 설탕 20g
- 꿀 20g

레시피는 스파 믹서 기준입니다.
소형 스탠드 믹서 또는 제빵기는
1/2분량으로 조절하세요.

HOW TO MAKE

믹싱하기

1 믹싱볼에 소금을 제외한 반죽 재료를 모두 넣고 저속(1단)으로 돌려 반죽이 하나로 뭉쳐지기 시작하면 5분 정도 더 믹싱한다.

TIP 손반죽과 제빵기 반죽은 23쪽을 참고하세요.

2 중속(2단)으로 속도를 올려 1분 정도 믹싱한 후 소금을 한 번에 넣고 반죽 표면이 매끈하고 탄력이 있을 때까지 중속(2단)으로 7~8분 정도 믹싱한다(최종 반죽 온도 26~27°C).

1차 발효하기

3 반죽을 매끈하게 둥글려 볼에 넣고 랩을 씌운 후 24~25°C 정도의 실온에서 40분간 1차 발효시킨다.

분할하기(+ 휴지)

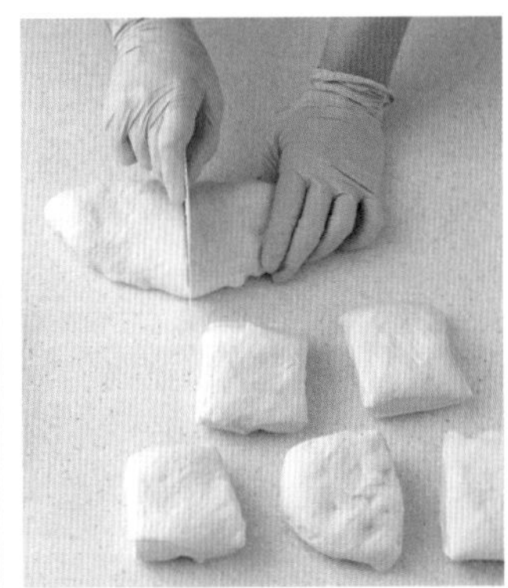

4 스크래퍼를 이용해 반죽을 120g씩 분할한다.

분할하기(+ 휴지)

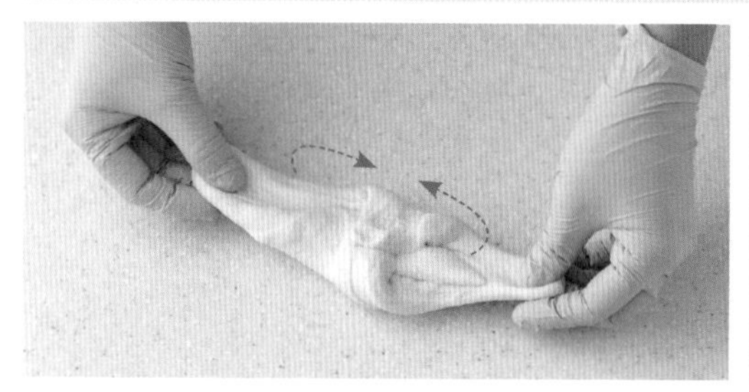

5 반죽의 네 모서리 끝을 대각선 방향으로 각각 잡아당기면서 가운데로 접어 모은 후 둥글린다.

6 반죽이 마르지 않게 천이나 비닐을 덮어 24~25°C 정도의 실온에서 20분간 휴지시킨다.

성형하기

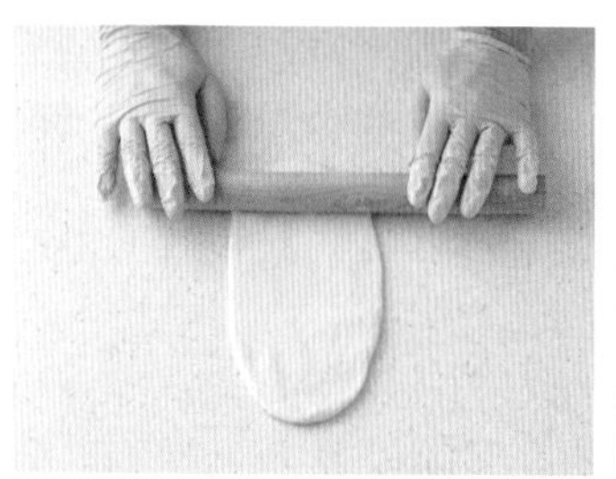

7 작업대 위에 반죽의 매끈한 면이 바닥으로 가도록 올리고 밀대를 이용해 23~25cm 길이의 타원형으로 밀어 편다.

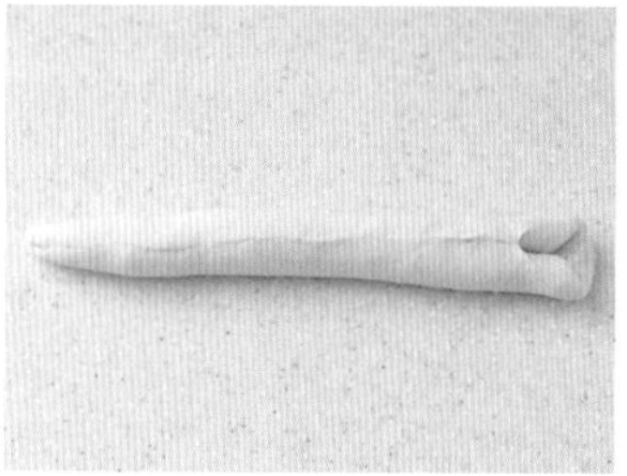

8 반죽을 가운데로 겹쳐 접고 손바닥으로 굴리면서 한쪽 끝이 가늘게 23cm 길이로 늘인다.

TIP 손으로 굴려 성형해도 돼요.

9 가는 끝부분을 다른 한쪽 끝에 겹쳐지게 넣는다.

10 반죽 이음매를 단단히 꼬집어 고정시키고 종이포일 위에 반죽을 올린다.

2차 발효하기

11 실온에서 45분 정도 2차 발효시킨다. 컨벡션 오븐은 200°C, 데크 오븐은 윗불, 아랫불 각 220°C로 예열한다.

데치기

12 반죽 데칠 물이 끓어오르면 불을 줄인 후 반죽을 넣고 30초씩 앞뒤로 각각 데친다.

굽기

13 데친 반죽을 테프론 시트를 깐 철판 위에 간격을 두고 올린 후 윗면에 입자가 굵은 소금을 골고루 뿌린다.

14 200°C로 예열한 컨벡션 오븐에 반죽을 넣고 12~13분간 고른 색이 나도록 굽는다(데크 오븐은 220°C에서 13~15분). 식힘망 위에 올려 식힌다.

완성하기

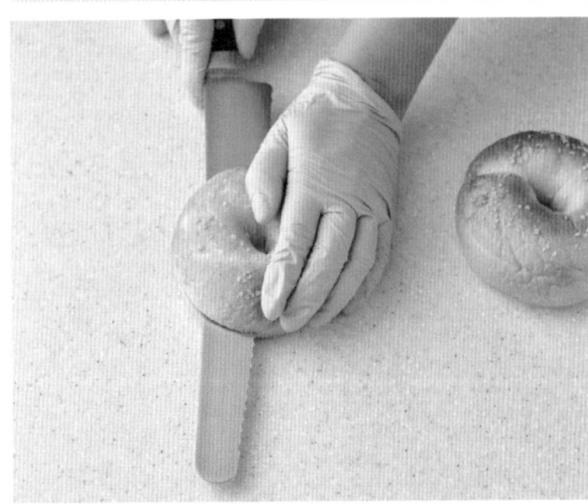

15 베이글이 완전히 식으면 칼로 반을 자른다.

16 0.3~0.5cm 두께로 자른 고메 버터 3조각을 올리고 뚜껑을 덮는다.

TIP 샌드용 버터는 발효 향이 진한 프랑스산 고메 버터를 사용해야 맛있어요.

부드러운 플레인 베이글

말랑쫀득 식감

INGREDIENT

18개 분량

반죽

- 강력분(K-블레소레이유) 920g
- 파인소프트-티 20g
- 파인소프트-202 40g
- 파인소프트-씨 20g
- 설탕 38g
- 인스턴트 드라이 이스트(레드) 8g
- 플레인 요거트 40g
- 물 585g
- 소금(꽃소금) 20g
- 무염 버터 70g

데치는 물

- 물 5컵(1ℓ)
- 설탕 15g
- 꿀 15g

레시피는 스파 믹서 기준입니다.
소형 스탠드 믹서 또는 제빵기는
1/2분량으로 조절하세요.

3가지 타입의 베이글 중 가장 말랑하고
부드러우면서 촉촉함이 오래가는
베이글이에요. 요즘 이런 베이글의 식감을
선호하는 분들이 많더라고요.
뜨거운 물로 전분을 호화시킨 탕종을 넣어
쫄깃한 식감과 보습 효과를 주기도 하는데,
탕종은 실패할 확률이 높고 숙성 시간도
필요해 초보자들에게는 추천하지 않아요.
여러 차례의 테스트를 거쳐 탕종으로
만든 베이글과 식감은 흡사하면서
작업성이 좋은 레시피를 개발했으니
집에서도, 매장에서도 활용해 보세요.

- 딸기 우유 크림치즈 스프레드(114쪽)
- 메이플 피칸 크림치즈 스프레드(118쪽)
- 할라피뇨 크림치즈 스프레드(122쪽)

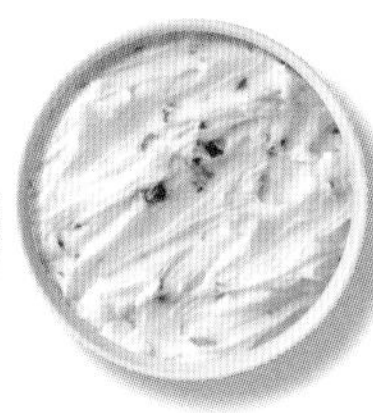
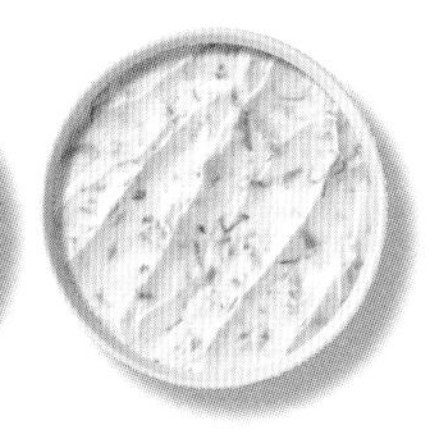

HOW TO MAKE

믹싱하기

1 믹싱볼에 소금, 버터를 제외한 반죽 재료를 모두 넣는다.

TIP 손반죽과 제빵기 반죽은 23쪽을 참고하세요.

2 저속(1단)으로 돌려 반죽이 하나로 뭉쳐지기 시작하면 4분 정도 더 믹싱한다.

3 중속(2단)으로 속도를 올려 1분 정도 믹싱한 후 소금을 한 번에 넣고 중속(2단)으로 1분 정도 믹싱하면서 소금을 섞는다.

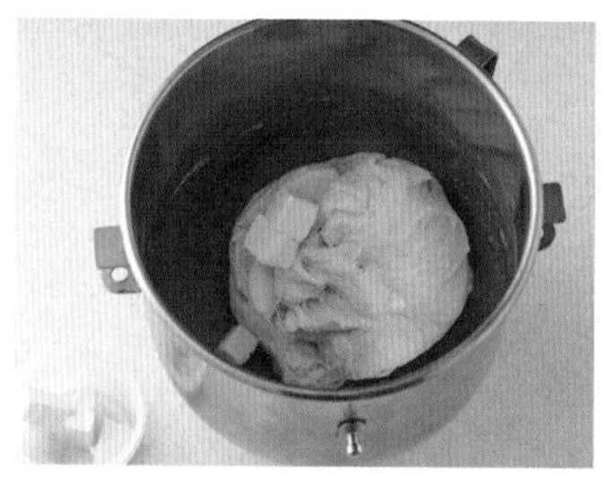

4 버터를 3분간 3번 정도에 나눠 넣으면서 섞는다.

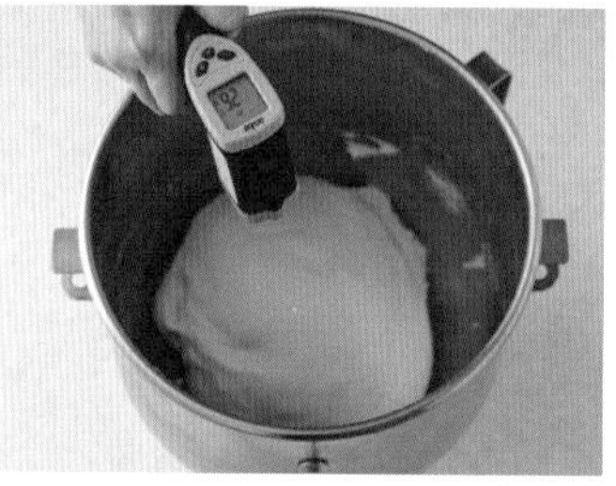

글루텐의 얇은 막이 형성되면서 잘 늘어나는 상태의 반죽

5 버터가 보이지 않게 다 섞이면 반죽 표면이 매끈하고 탄력이 있을 때까지 2~3분 정도 더 믹싱한다(최종 반죽 온도 25~26°C).

1차 발효하기(+ 펀칭)

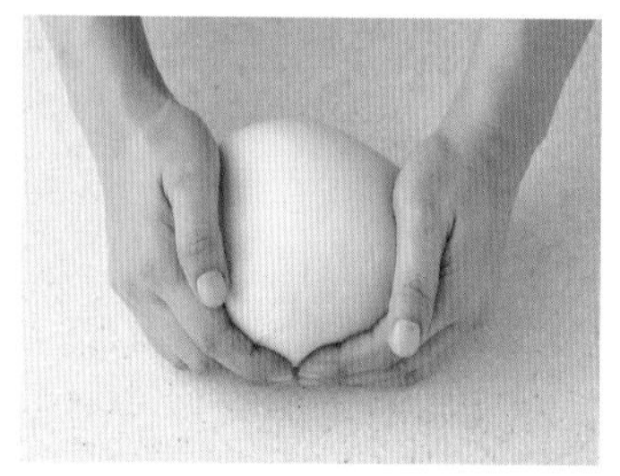

6 양손을 이용해 반죽 표면을 매끈하게 둥글린다.

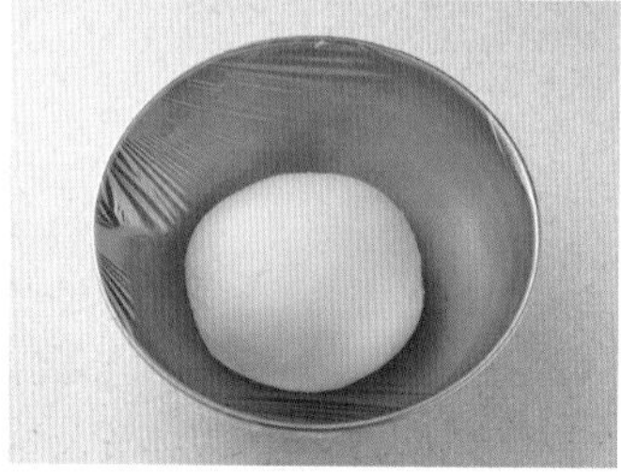

7 볼에 반죽을 넣고 랩을 씌운 후 24~25°C 정도의 실온에서 30분간 1차 발효시킨다.

8 반죽 표면에 덧가루를 살짝 뿌리고 스크래퍼를 이용해 반죽을 볼에서 꺼내 작업대 위에 엎어 올린다.

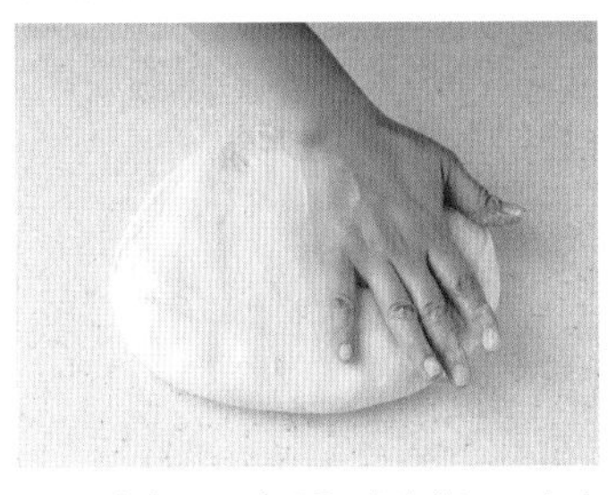
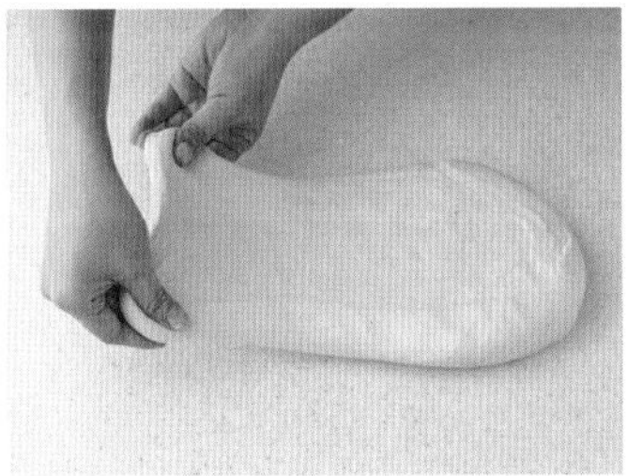
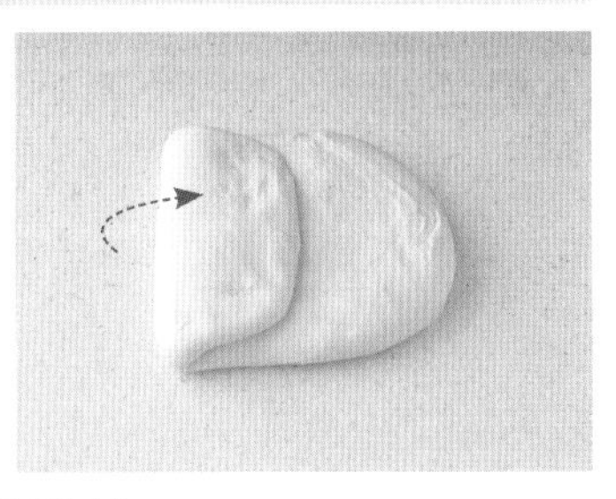

9 손바닥으로 반죽을 가볍게 누르면서 가스를 뺀다.

10 반죽 한쪽을 당기듯이 늘려 가운데로 접는다.

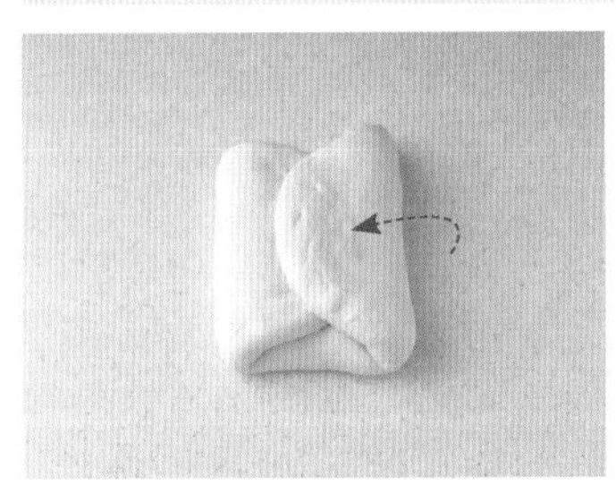
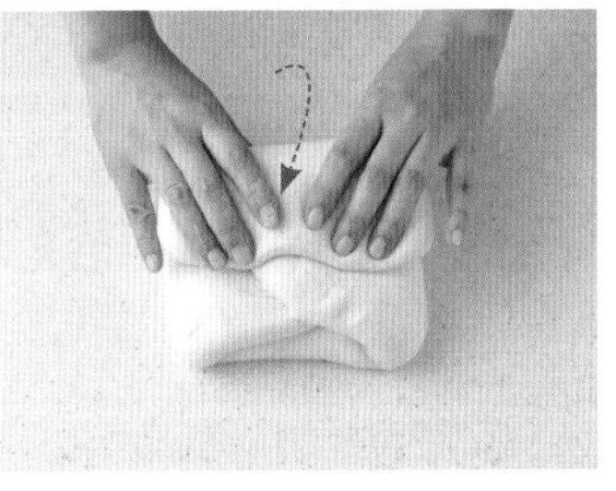

11 다른 한쪽을 당기듯이 늘려 가운데로 겹쳐 접는다.

12 반죽을 한 방향으로 만다.

TIP 편칭을 하면 반죽에 힘이 생기고 볼륨감이 좋아져요. 펀칭 없이 30분간 1차 발효시켜도 돼요.

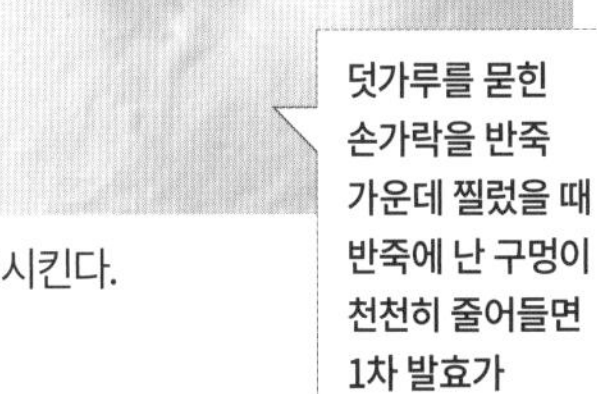

13 반죽을 다시 둥글려 볼에 넣고 랩을 씌워 24~25℃ 정도의 실온에서 30분간 더 발효시킨다.

덧가루를 묻힌 손가락을 반죽 가운데 찔렀을 때 반죽에 난 구멍이 천천히 줄어들면 1차 발효가 완료된 상태

분할하기(+ 휴지)

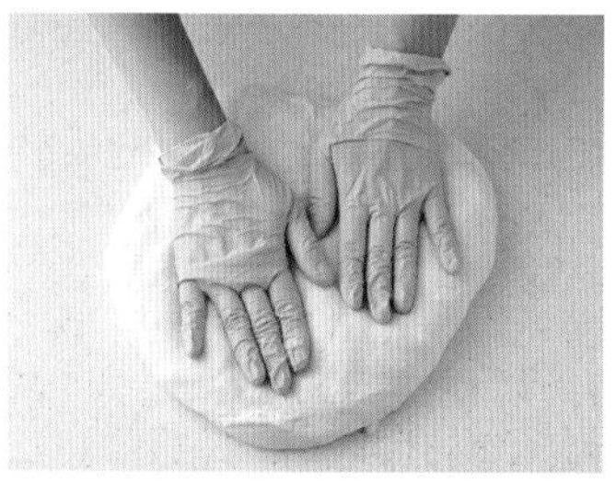

14 반죽 표면에 덧가루를 뿌리고 작업대 위에 엎어 올린 후 손바닥으로 반죽을 가볍게 누르면서 가스를 뺀다.

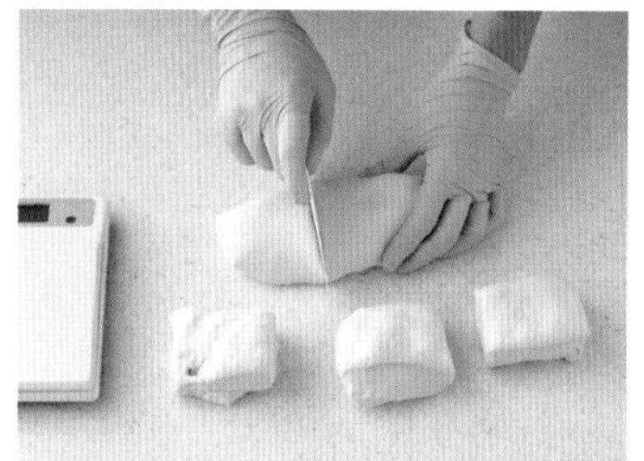

15 스크래퍼를 이용해 100g씩 분할한다.

TIP 반죽은 정사각형에 가깝게 분할하는 것이 좋아요.

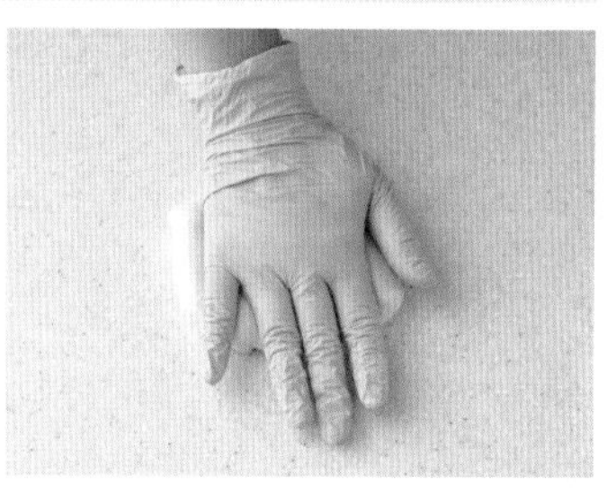

16 반죽을 손바닥으로 가볍게 눌러 평평하게 편다.

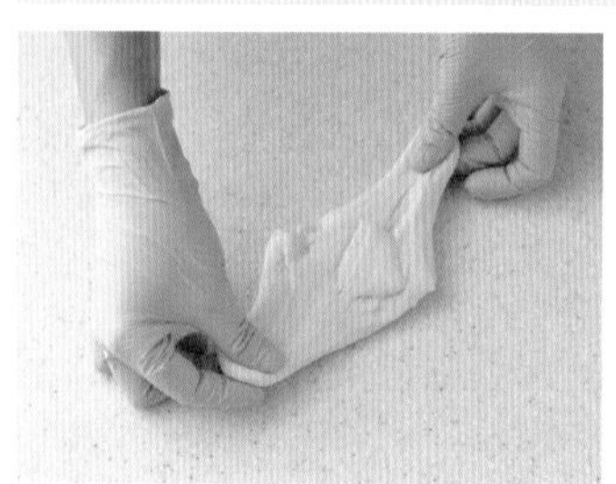

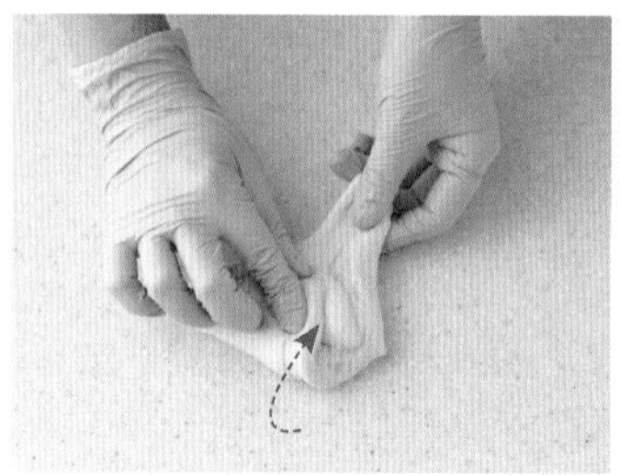

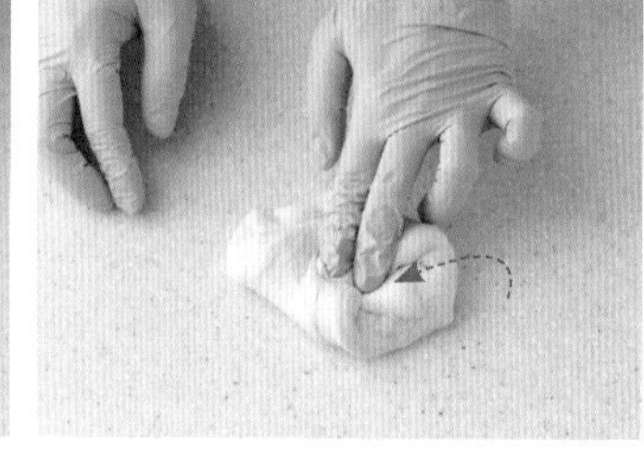

17 반죽 양쪽 끝을 대각선 방향으로 잡아당기면서 가운데로 접어 모은다.

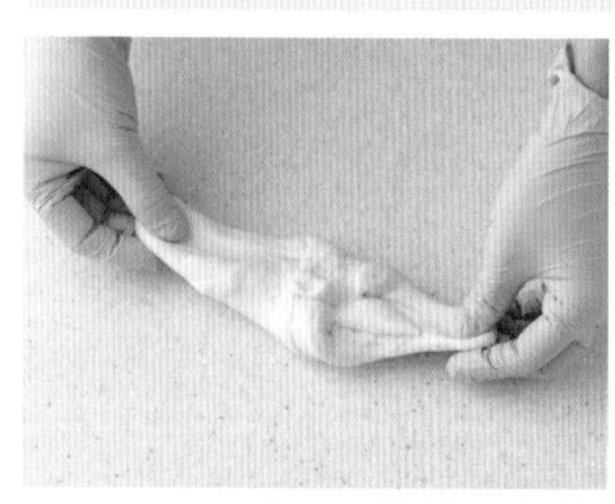

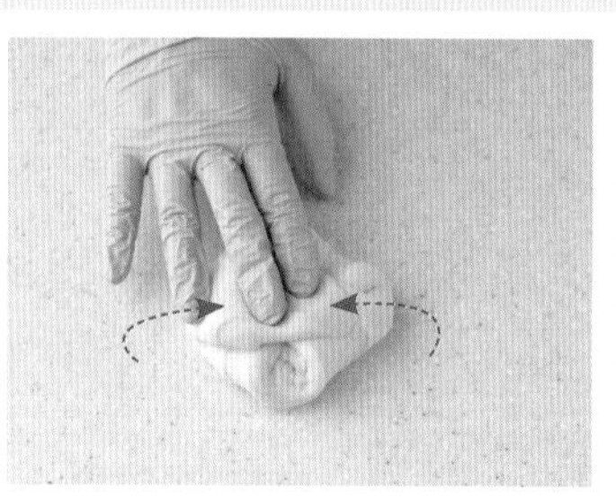

18 반죽 다른쪽 끝을 다시 대각선 방향으로 잡아당기면서 가운데로 접어 모은다.

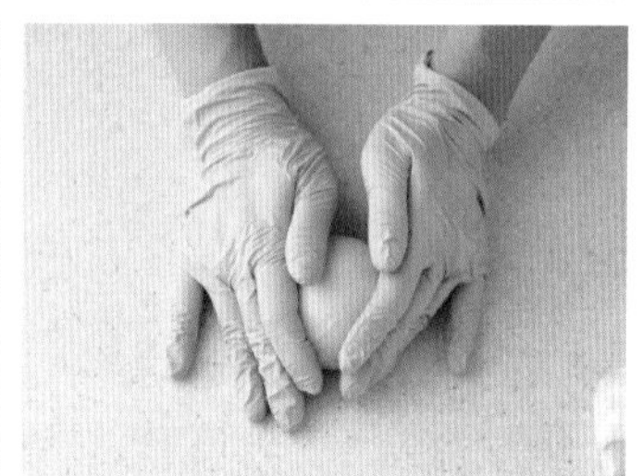

19 반죽의 매끈한 면이 위로 가도록 뒤집은 후 양손으로 둥글린다.

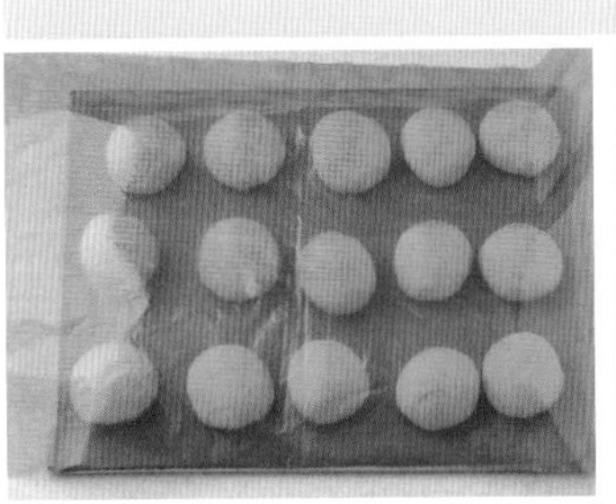

20 반죽이 마르지 않게 천이나 비닐을 덮어 24~25°C 정도의 실온에서 20분간 휴지시킨다.

휴지가 완료된 반죽 상태

TIP 반죽을 휴지시키면 늘어나기 쉽게 이완되어 성형하기 좋아요.

성형하기

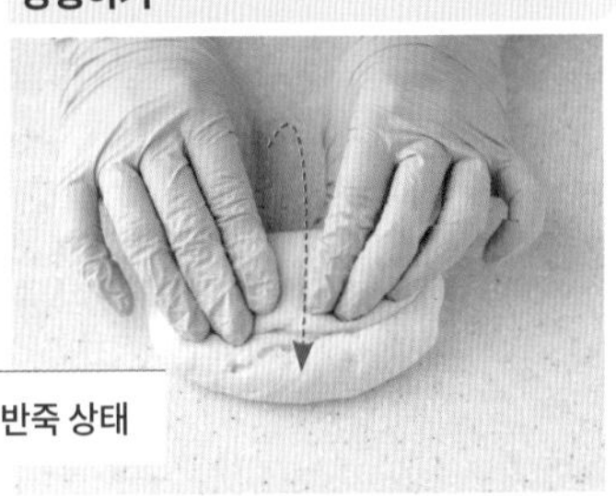

21 작업대 위에 반죽의 매끈한 면이 바닥으로 가도록 올리고 손바닥으로 살짝 눌러편 후 2/3지점까지 아래에서 위로 접는다.

22 다시 같은 방향으로 한 번 더 접는다.

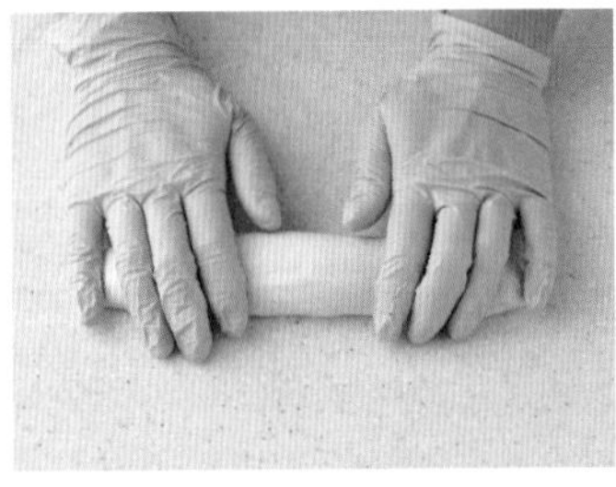

23 손바닥으로 반죽을 굴리면서 23~25cm 길이로 늘인다.

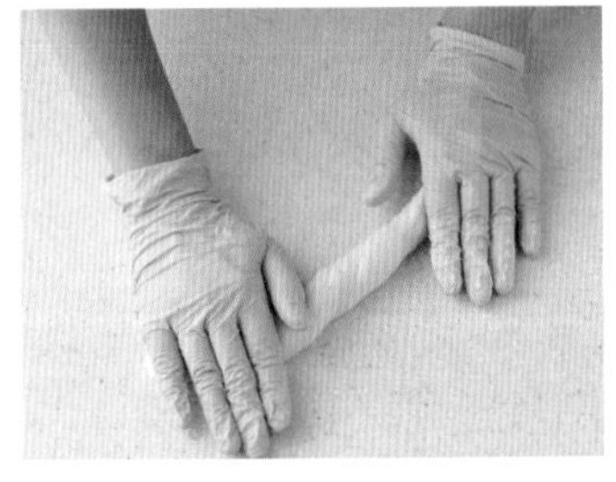

24 손바닥을 각각 아래위로 교차시키면서 반죽을 한 방향으로 비틀어 꼰다.

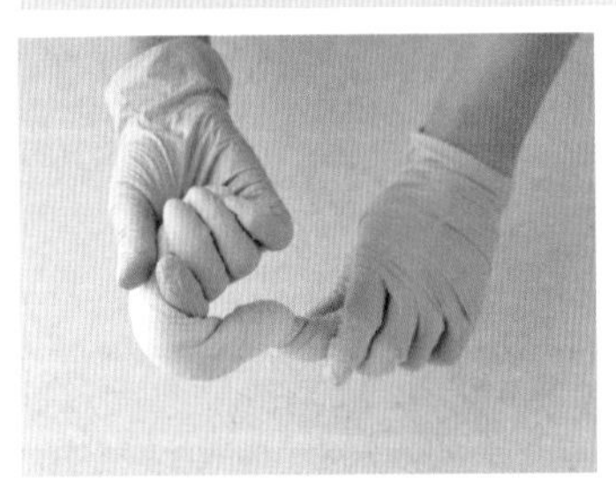

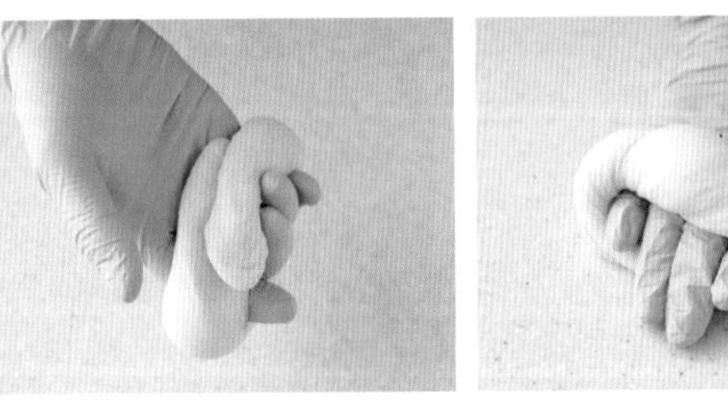

25 반죽이 꼬인 상태 그대로 반죽양끝을 손바닥 위에서 3~4cm 정도 맞닿게 겹쳐 모은다.

26 겹쳐진 반죽 끝을 작업대 위에 대고 굴린다.

성형하기

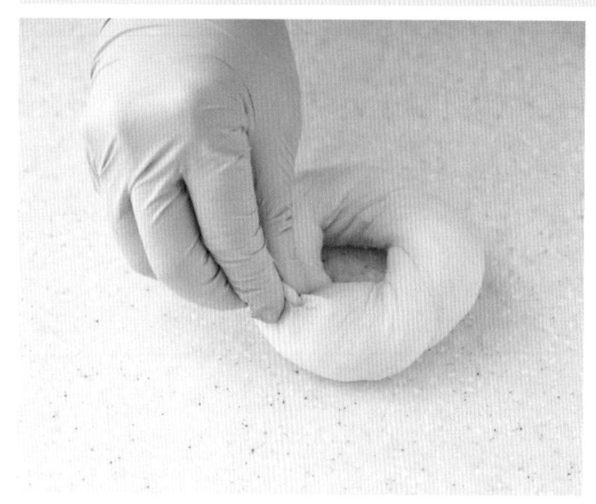

27 반죽 이음매를 단단히 붙여 고정시킨다.

28 12×12cm 크기의 종이포일 위에 반죽을 올린다.

2차 발효하기(+ 오븐 예열, 데치는 물 준비)

29 반죽통 또는 철판 위에 반죽을 올리고 24~25°C 정도의 실온에서 30~35분 정도 2차 발효시킨다.

TIP 겨울철이나 실내 온도가 23°C 보다 낮은 경우 오븐을 200°C로 20초간 켰다 끈 후 비닐을 덮은 반죽을 넣어 발효시켜도 돼요.

30 오븐을 예열(컨벡션 오븐 250°C, 데크 오븐 윗불, 아랫불 각 220°C)하고 반죽 데칠 물을 끓인다.

31 센 불에서 물이 100°C로 끓어오르면 중간 불로 낮추고 기포가 줄어들면 반죽을 종이째 엎어 올린 후 30초간 데치면서 종이를 떼어낸다. 데치는 물의 온도는 90~95°C를 유지한다.

32 주걱 2개를 이용해 뒤집은 후 다시 30초간 데친다.

TIP 당 함량이 높은 파인소프트가 들어가는 반죽은 색이 많이 나서 베이킹소다를 넣지 않아요.

굽기

33 데친 반죽을 테프론 시트를 깐 철판 위에 간격을 두고 올린다.

TIP 40×30cm 크기의 철판에는 최대 8개의 반죽을 올릴 수 있어요.

34 250°C로 예열한 컨벡션 오븐에 반죽을 넣고 5분, 오븐을 끄고 5분, 210°C로 다시 켜서 2~3분간 구움색을 봐가면서 굽는다(데크 오븐은 220°C로 예열 후 13~15분). 식힘망에 올려 식힌다.

TIP 베이글이 너무 많이 부풀어 오르거나 마르는 것을 최소화하기 위해 오븐 온도를 조절하며 구워요.

참깨 베이글

레시피 90쪽

에브리띵 베이글

레시피 92쪽

참깨 베이글

INGREDIENT

18개 분량

반죽

- 강력분(K-블레소레이유) 920g
- 파인소프트-티 20g
- 파인소프트-202 40g
- 파인소프트-씨 20g
- 설탕 38g
- 인스턴트 드라이 이스트(레드) 8g
- 플레인 요거트 40g
- 물 585g
- 소금(꽃소금) 20g
- 무염 버터 70g

토핑

- 참깨 약 150g

데치는 물

- 물 5컵(1ℓ)
- 설탕 15g
- 꿀 15g

참깨는 베이글 토핑으로 가장 많이 활용되는 재료예요. 고소하고 씹는 식감이 좋아 어떤 스프레드와도 잘 어울려요. 샌드위치를 만들어도 좋고요. 구울 때 참깨가 색이 나기 시작하면 쉽게 타기 때문에 오븐 온도를 잘 조절해야 해요.

레시피는 스파 믹서 기준입니다.
소형 스탠드 믹서 또는 제빵기는
1/2분량으로 조절하세요.

- 플레인 크림치즈(112쪽 또는 필라델피아)
- 무화과 크림치즈 스프레드(116쪽)
- 고르곤졸라 크림치즈 스프레드(124쪽)

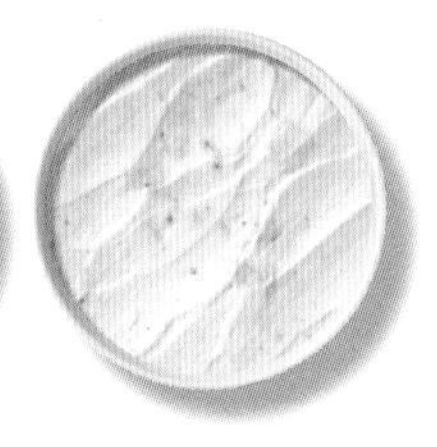

HOW TO MAKE

참깨 토핑하기

1 플레인 베이글(80쪽) 과정 ㉜번까지 동일하게 진행한 후 바로 참깨를 넣은 트레이에 엎어 올린다.

TIP 데친 후 시간이 지나면 표면이 말라서 토핑이 잘 떨어질 수 있어요.

2 반죽 윗면과 옆면에 참깨를 고루 묻힌다.

굽기

3 테프론 시트를 깐 철판 위에 간격을 두고 올린다.

4 250°C로 예열한 컨벡션 오븐에 반죽을 넣고 5분, 오븐을 끄고 5분, 210°C로 다시 켜서 2~3분간 구움색을 봐가면서 굽는다(데크 오븐은 220°C로 예열 후 13~15분). 식힘망에 올려 식힌다.

TIP 깨는 색이 나기 시작하면 쉽게 탈 수 있어요. 색이 빨리 나면 오븐 온도를 낮추고 굽는 시간을 늘려요.

에브리띵 베이글

INGREDIENT

18개 분량

반죽

- 강력분(K-블레소레이유) 920g
- 파인소프트-티 20g
- 파인소프트-202 40g
- 파인소프트-씨 20g
- 설탕 38g
- 인스턴트 드라이 이스트(레드) 8g
- 플레인 요거트 40g
- 물 585g
- 소금(꽃소금) 20g
- 무염 버터 70g

에브리띵 시즈닝

- 참깨 100g
- 치아씨드 50g
- 마늘가루 50g
- 양파플레이크 50g

데치는 물

- 물 5컵(1ℓ)
- 설탕 15g
- 꿀 15g

시중에 에브리띵 베이글 시즈닝이 판매하기는 하는데 가격이 비싸면서도 짜고 맛이 없어서 깨, 치아씨드, 마늘가루, 양파플레이크로 직접 만들었어요. 검은깨를 추가해도 돼요. 양파플레이크는 절구나 푸드프로세서에 곱게 갈아 다른 재료들과 크기를 비슷하게 맞춰야 반죽에 고르게 잘 달라붙어요.

레시피는 스파 믹서 기준입니다.
소형 스탠드 믹서 또는 제빵기는
1/2분량으로 조절하세요.

- 플레인 크림치즈(112쪽 또는 필라델피아)
- 마늘 크림치즈 스프레드(124쪽)
- 버라이어티 소스(128쪽)

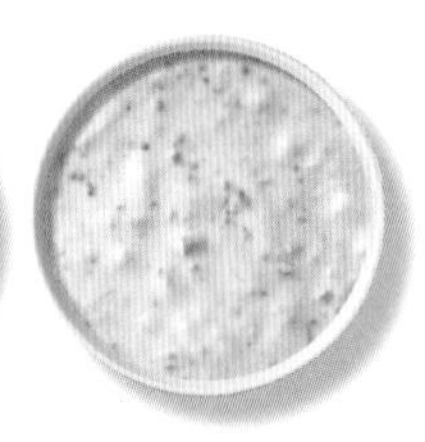

HOW TO MAKE

에브리띵 시즈닝 준비하기

1 에브리띵 시즈닝 재료 중 양파플레이크를 절구에 넣어 곱게 간다.

2 트레이에 에브리띵 시즈닝 재료를 모두 넣고 고루 섞는다.

에브리띵 시즈닝 토핑하기

3 플레인 베이글(80쪽) 과정 ㉜번까지 동일하게 진행한다. 반죽을 ②의 트레이에 바로 엎어 올린 후 반죽 윗면과 옆면에 시즈닝을 고루 묻힌다.

TIP 데친 후 시간이 지나면 표면이 말라서 토핑이 잘 떨어질 수 있어요.

굽기

4 250°C로 예열한 컨벡션 오븐에 반죽을 넣고 5분, 오븐을 끄고 5분, 210°C로 다시 켜서 2~3분간 구움색을 봐가면서 굽는다(데크 오븐은 220°C로 예열 후 13~15분). 식힘망에 올려 식힌다.

TIP 토핑은 색이 나기 시작하면 쉽게 탈 수 있어요. 오븐에 따라 색이 빨리 나는 경우 오븐 온도를 낮추고 굽는 시간을 늘려요.

토마토 바질 베이글

INGREDIENT

19개 분량

반죽

- 강력분(K-블레소레이유) 920g
- 파인소프트-티 20g
- 파인소프트-202 40g
- 파인소프트-씨 20g
- 설탕 40g
- 인스턴트 드라이 이스트(레드) 8g
- 플레인 요거트 40g
- 물 570g
- 소금(꽃소금) 18g
- 냉동 바질 6g(또는 생바질 잎)
- 썬드라이드 토마토 68g
- 롤치즈(서울우유) 100g
- 올리브유 60g

데치는 물

- 물 5컵(1ℓ)
- 설탕 15g
- 꿀 15g

썬드라이드 토마토와 바질, 올리브유로 이탈리아의 맛과 향을 더한 식사용 베이글이에요. 개인의 기호에 따라 썬드라이드 토마토와 바질을 조금 더 넣어도 돼요. 냉동 바질은 가성비가 좋아서 추천하는데, 생바질이 나오는 계절에는 분량만큼 대체해도 좋아요. 냉동 바질은 해동하지 않고 그대로 사용해요.

레시피는 스파 믹서 기준입니다.
소형 스탠드 믹서 또는 제빵기는
1/2분량으로 조절하세요.

- 플레인 크림치즈(112쪽 또는 필라델피아)

HOW TO MAKE

준비하기

1 썬드라이드 토마토는 잘게 썬다. 냉동 바질은 언 상태 그대로 사용한다.

믹싱하기

2 믹싱볼에 소금, 바질, 썬드라이드 토마토, 롤치즈, 올리브유를 제외한 반죽 재료를 모두 넣는다.

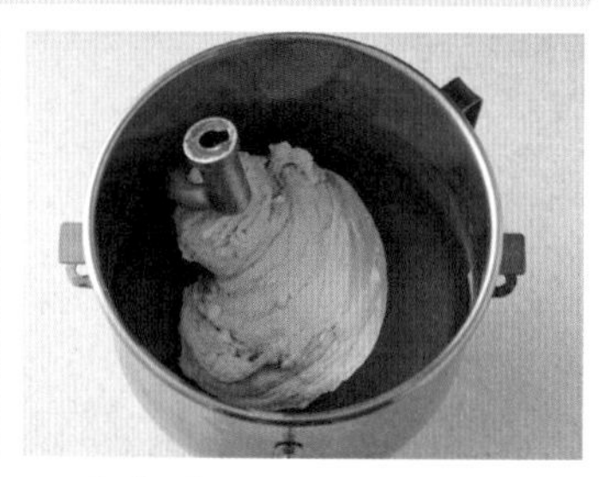

3 저속(1단)으로 돌려 반죽이 하나로 뭉쳐지기 시작하면 4분 정도 더 믹싱한다.

4 중속(2단)으로 속도를 올려 1분 정도 믹싱한 후 소금을 한 번에 넣는다.

5 중속(2단)으로 3~5분 정도 믹싱하면서 반죽이 매끈해지면 올리브유, 바질, 롤치즈, 썬드라이드 토마토를 넣는다.

6 1단에서 30초간 믹싱 후 2단으로 올려 30~40초간 고루 섞으면서 믹싱한다(최종 반죽 온도 25~26°C).

1차 발효하기(+ 펀칭)

7 양손을 이용해 반죽 표면을 매끈하게 둥글린 후 볼에 넣는다.

8 랩을 씌우고 24~25°C 정도의 실온에서 30분간 1차 발효시킨다.

9 반죽 표면에 덧가루를 살짝 뿌리고 스크래퍼를 이용해 반죽을 작업대 위에 엎어 올린 후 손바닥으로 가볍게 누르면서 가스를 뺀다.

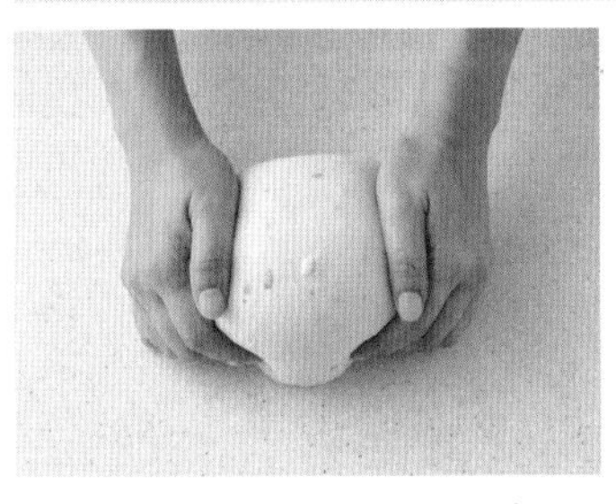

10 반죽 양옆을 가운데로 접은 후 한 방향으로 말고 다시 둥글린다.

11 반죽을 볼에 넣고 랩을 씌워 24~25°C 정도의 실온에서 30분간 더 발효시킨다.

TIP 펀칭을 하면 반죽에 힘이 생기고 볼륨감이 좋아져요.

분할하기(+ 휴지)

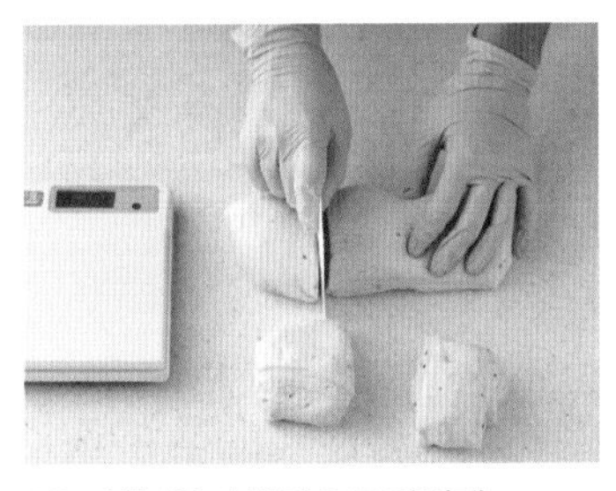

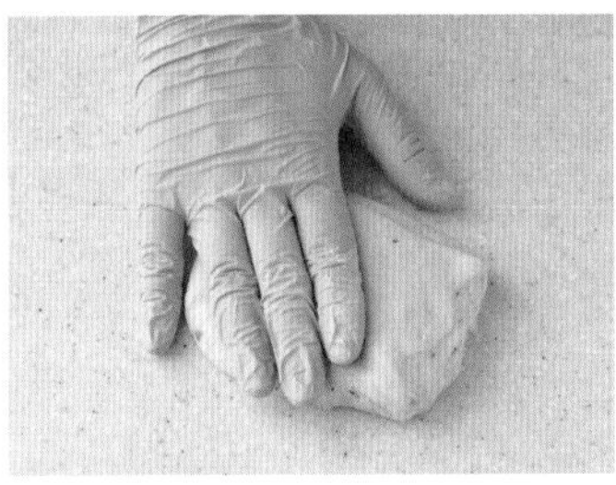

12 반죽을 손바닥으로 가볍게 누르면서 가스를 뺀 후 스크래퍼를 이용해 100g씩 분할한다.

13 반죽을 손바닥으로 가볍게 눌러 평평하게 편다.

데치기

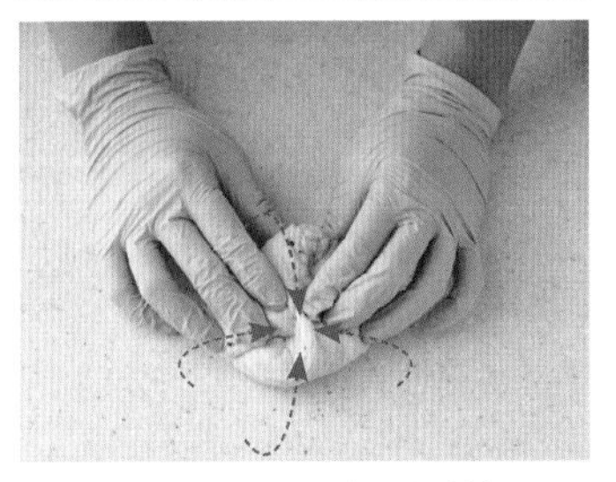

14 반죽 양쪽 끝을 대각선 방향으로 살짝 잡아당기면서 가운데로 접어 모은다.

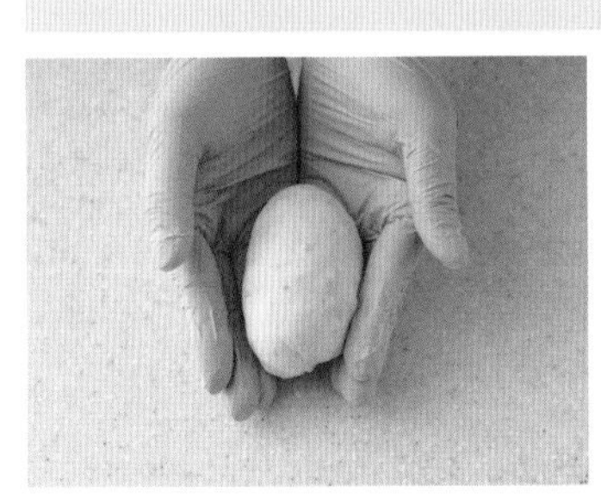

휴지가 완료된 반죽 상태

15 반죽의 매끈한 면이 위로 가도록 뒤집은 후 양손으로 둥글린다.

16 반죽이 마르지 않게 천이나 비닐을 덮어 24~25°C 정도의 실온에서 20분간 휴지시킨다.

성형하기

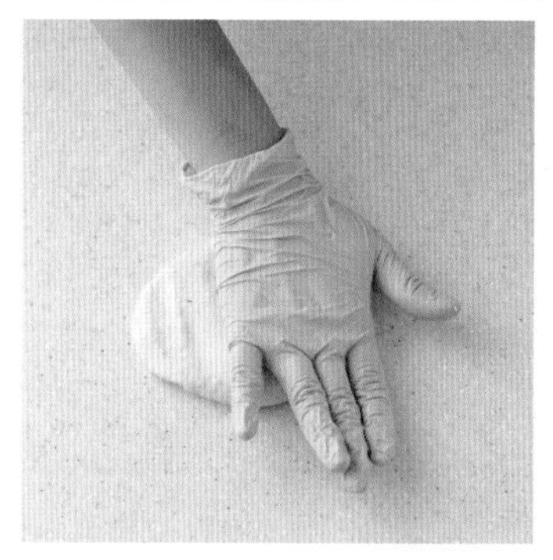

17 작업대 위에 반죽의 매끈한 면이 바닥으로 가도록 올리고 손바닥으로 살짝 눌러편다.

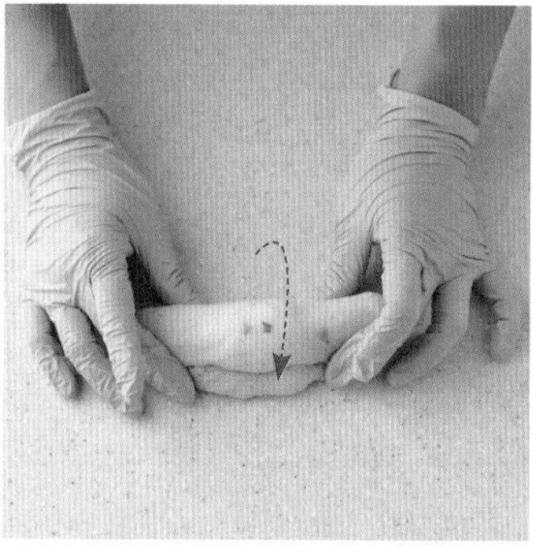

18 반죽을 같은 방향으로 두 번 접는다.

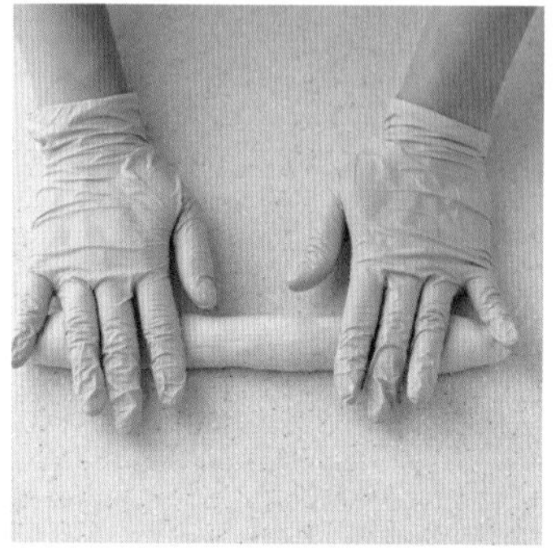

19 손바닥으로 반죽을 굴리면서 23~25cm 길이로 늘인 후 손바닥을 각각 아래위로 교차시키면서 반죽을 한 방향으로 비틀어 꼰다.

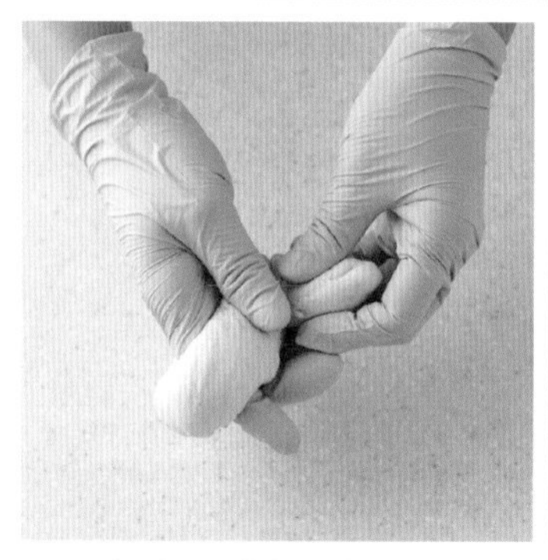

20 반죽을 꼰 상태 그대로 반죽 양끝을 손바닥 위에서 3~4cm 정도 맞닿게 겹쳐 모은다.

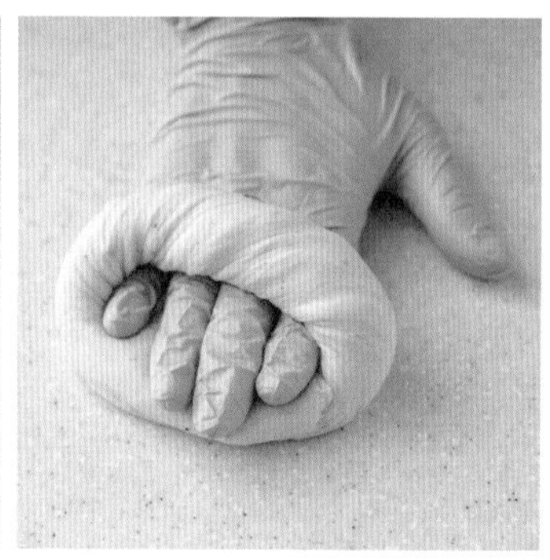

21 겹쳐진 반죽 끝을 작업대 위에 대고 굴린 후 이음매를 단단히 꼬집어 고정시킨다.

22 12×12cm 크기의 종이포일 위에 반죽을 올린다.

TIP 반죽을 종이 위에 하나씩 올려 발효시켜야 반죽을 데칠 때 옮기기 편해요.

2차 발효하기(+ 오븐 예열, 데치는 물 준비)

23 반죽통 또는 철판 위에 반죽을 올리고 24~25°C 정도의 실온에서 30~35분 정도 2차 발효시킨다.

24 오븐을 예열(컨벡션 오븐 250°C, 데크 오븐 윗불, 아랫불 각 220°C)하고 반죽 데칠 물을 끓인다.

TIP 파인소프트가 들어가는 반죽은 데칠 물에 베이킹소다를 넣지 않아요.

데치기

25 90~95°C 정도로 온도를 유지하면서 반죽을 종이째로 엎어 올린 후 30초간 데치면서 종이를 떼어낸다.

26 주걱 2개를 이용해 뒤집은 후 다시 30초간 데친다.

굽기

27 250°C로 예열한 컨벡션 오븐에 반죽을 넣고 5분, 오븐을 끄고 5분, 210°C로 다시 켜서 2~3분간 구움색을 봐가면서 굽는다(데크 오븐은 220°C에서 13~15분).

TIP 파인소프트 반죽은 완전히 익히지 않으면 구워져 나온 후 찌그러질 수 있어요. 이 경우 오븐 온도를 낮추고 굽는 시간을 늘려요.

28 식힘망에 올려 식힌다.

감자 치즈 베이글

INGREDIENT

18개 분량

반죽

- 강력분(K-블레소레이유) 920g
- 파인소프트-티 20g
- 파인소프트-202 40g
- 파인소프트-씨 20g
- 설탕 38g
- 인스턴트 드라이 이스트(레드) 8g
- 플레인 요거트 40g
- 물 580g
- 소금(꽃소금) 20g
- 무염 버터 70g

감자 스프레드

- 감자플레이크(오레곤) 40g
- 설탕 10g
- 우유 200g
- 무염 버터 20g
- 소금 약간
- 후춧가루 약간

토핑

- 체다 슬라이스 치즈 18장(개당 1장)

데치는 물

- 물 5컵(1ℓ)
- 설탕 15g
- 꿀 15g

레시피는 스파 믹서 기준입니다.
소형 스탠드 믹서 또는 제빵기는
1/2분량으로 조절하세요.

감자 스프레드를 듬뿍 넣어 하나만 먹어도 든든한 베이글이에요. 감자 스프레드는 찐 감자로 직접 메시드 포테이토처럼 만들어도 되고 번거롭다면 감자플레이크를 사용해 보세요. 간단하게 완성할 수 있어요. 토핑용 슬라이스 치즈는 미리 꺼내두고 베이글이 뜨거울 때 올려야 자연스럽게 녹아요.

HOW TO MAKE

필링 준비하기

1 냄비에 감자 스프레드 재료 중 버터를 제외한 나머지 재료 넣고 중약 불에서 1~2분간 볶는다.

2 메시드 포테이토 질감이 나면 불에서 내려 버터를 넣고 잔열로 녹인다.

3 완전히 식힌 후 짤주머니에 담는다.

성형하기

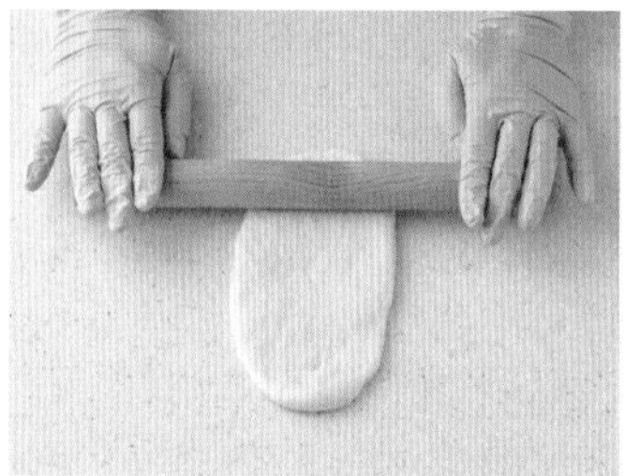
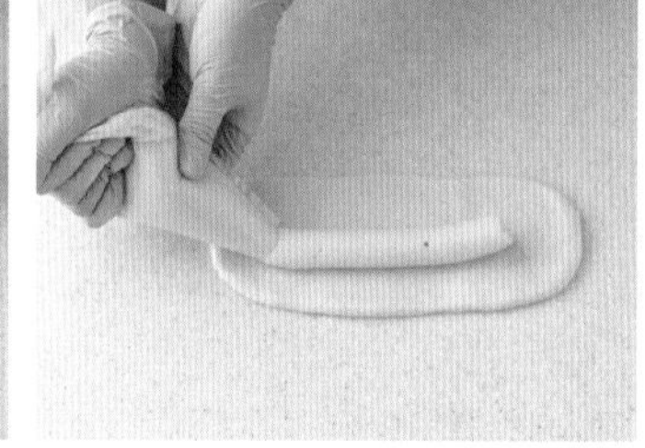

4 플레인 베이글(80쪽) 과정 ⑳번까지 동일하게 진행한다. 작업대 위에 반죽의 매끈한 면이 바닥으로 가도록 올리고 밀대를 이용해 23~25cm 길이의 타원형으로 밀어 편다.

TIP 속재료를 넣는 경우 처음부터 길게 밀어 펴야 재료가 터져 나오지 않아요.

5 반죽을 가로로 90도 돌리고 반죽의 1/3지점에 감자 스프레드를 한 줄 짠다.

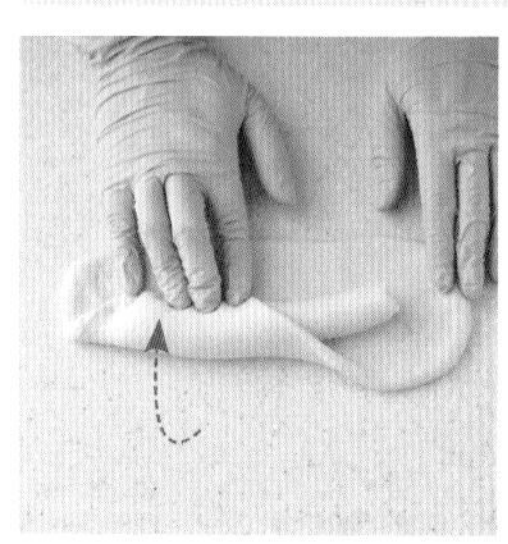
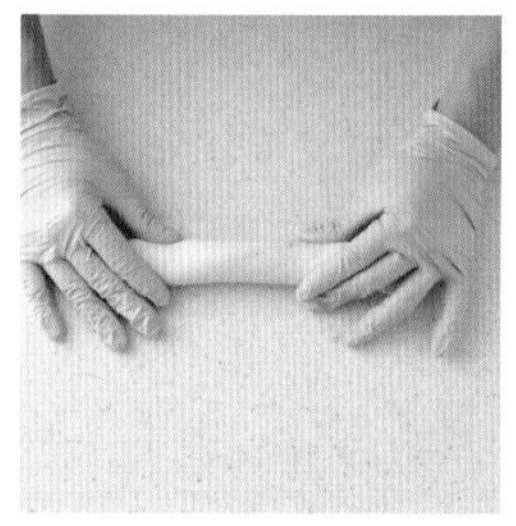
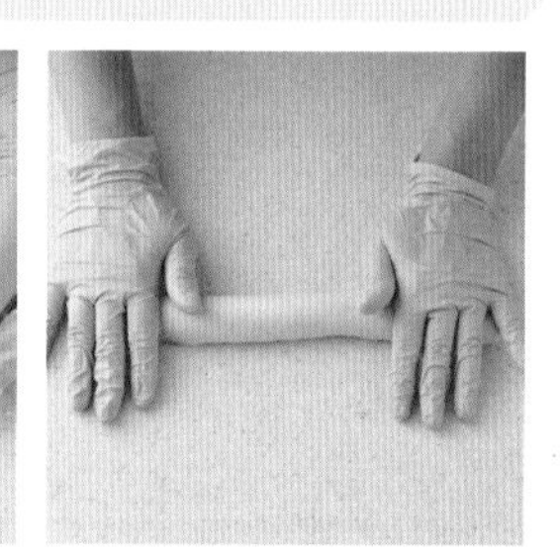

6 반죽을 위에서 아래로 감자 스프레드를 덮으면서 한 방향으로 만다.

7 반죽의 이음매를 단단히 꼬집어 고정시킨다. 이때 한쪽 끝은 그대로 남겨둔다.

8 반죽을 바닥에 가볍게 굴리면서 두께만 고르게 정리한다.

9 밀대를 이용해 한쪽 끝을 넓게 밀어 편다.

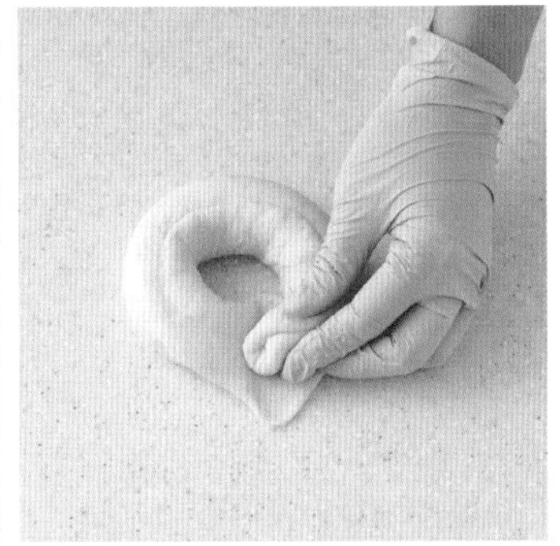

10 밀어 편 반죽으로 가늘게 늘인 다른 한쪽을 감싼 후 이음매를 단단히 꼬집어 고정시키고 종이포일 위에 반죽을 올린다.

2차 발효하기

11 반죽통 또는 철판 위에 반죽을 올리고 24~25°C 정도의 실온에서 40~45분 정도 2차 발효시킨다. 오븐을 예열(컨벡션 오븐 250°C, 데크 오븐 윗불, 아랫불 각 220°C)하고 반죽 데칠 물을 끓인다. 토핑용 슬라이스 치즈는 실온에 꺼내둔다.

TIP 속재료를 넣는 베이글은 5~10분 정도 발효 시간을 늘려요.

데치기

12 물이 끓어오르면 반죽을 넣고 앞뒤로 각각 30초씩 데친다.

굽기

13 250°C로 예열한 컨벡션 오븐에 반죽을 넣고 5분, 오븐을 끄고 5분, 210°C로 다시 켜서 2~3분간 구움색을 봐가면서 굽는다(데크 오븐은 220°C에서 13~15).

완성하기

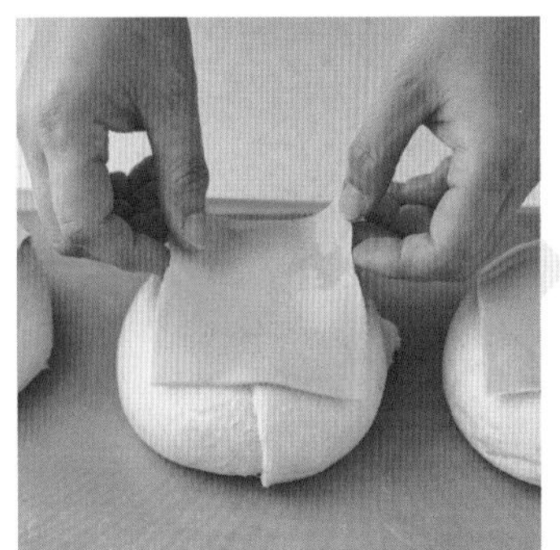

14 베이글이 뜨거울 때 슬라이스 치즈를 1장씩 올린다.

말랑쫀득 식감

페퍼로니 할라피뇨 베이글

INGREDIENT

18개 분량

반죽

- 강력분(K-블레소레이유) 920g
- 파인소프트-티 20g
- 파인소프트-202 40g
- 파인소프트-씨 20g
- 인스턴트 드라이 이스트(레드) 8g
- 설탕 38g
- 플레인 요거트 40g
- 물 580g
- 소금(꽃소금) 18g
- 무염 버터 70g
- 할라피뇨 50g
- 페퍼로니(사조오양) 108장(개당 6장)

토핑

- 슈레드 치즈 200g(에멘탈, 모짜렐라 등)
- 페퍼로니(사조오양) 54장(개당 3장)

데치는 물

- 물 5컵(1ℓ)
- 설탕 15g
- 꿀 15g

레시피는 스파 믹서 기준입니다.
소형 스탠드 믹서 또는 제빵기는
1/2분량으로 조절하세요.

피자 토핑으로 많이 사용하는 페퍼로니는 매콤하게 제조된 미국식 살라미예요.
이 페퍼로니와 할라피뇨로 칼칼하고 깔끔한 맛을 낸 베이글입니다. 베이글 1개당 총 9장의 페퍼로니를 사용하는데, 개인 취향에 따라 더하거나 줄여도 돼요.
페퍼로니를 토핑으로 올린 후 오븐에서 살짝 구우면 비린 맛도 없앨 수 있고 살균 효과도 있어 위생적으로 좋아요.

HOW TO MAKE

준비하기

1 할라피뇨는 잘게 다진 후 키친타월에 올려 물기를 없앤다.

믹싱하기

2 믹싱볼에 소금, 버터, 할라피뇨, 페퍼로니를 제외한 반죽 재료를 모두 넣고 저속(1단)으로 믹싱한다.

3 반죽이 하나로 뭉쳐지면 저속 4분, 중속(2단) 1분 믹싱 후 소금을 넣고 중속 1분 정도 믹싱한다.

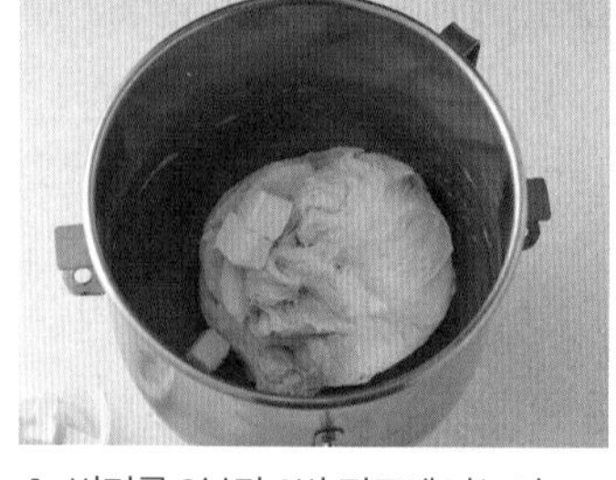

4 버터를 3분간 3번 정도에 나누어 넣으면서 믹싱하고 버터가 보이지 않게 다 섞이면 반죽 표면이 매끈하고 탄력 있을 때까지 2~3분 정도 더 믹싱한다.

5 다진 할라피뇨를 넣고 1단에서 30초, 2단에서 30~40초 믹싱하면서 고르게 섞는다(최종 반죽 온도 25~26°C).

1차 발효하기(+ 펀칭)

6 양손을 이용해 반죽 표면을 매끈하게 둥글려 볼에 넣고 랩을 씌운 후 24~25°C 정도의 실온에서 30분간 1차 발효시킨다.

7 반죽 표면에 덧가루를 살짝 뿌리고 스크래퍼를 이용해 반죽을 작업대 위에 엎어 올린다.

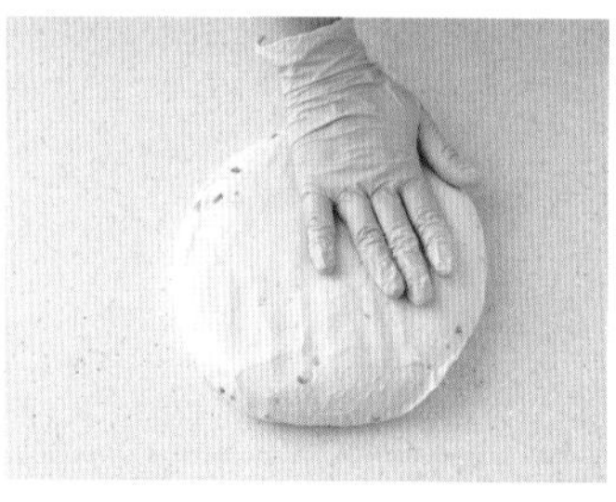

8 손바닥으로 가볍게 누르면서 가스를 뺀다.

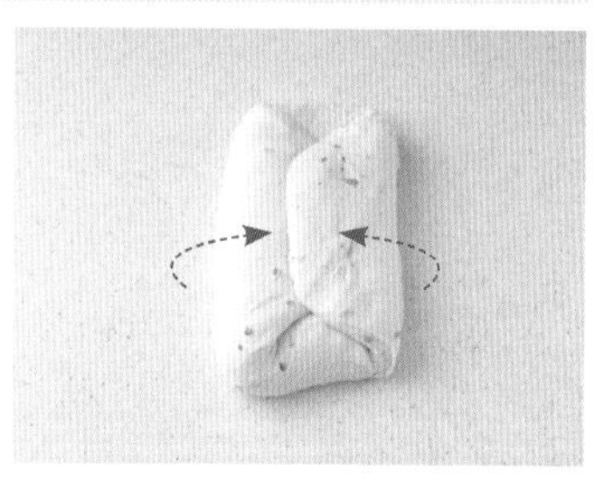

9 반죽 양옆을 당기듯이 늘려 가운데로 접는다.

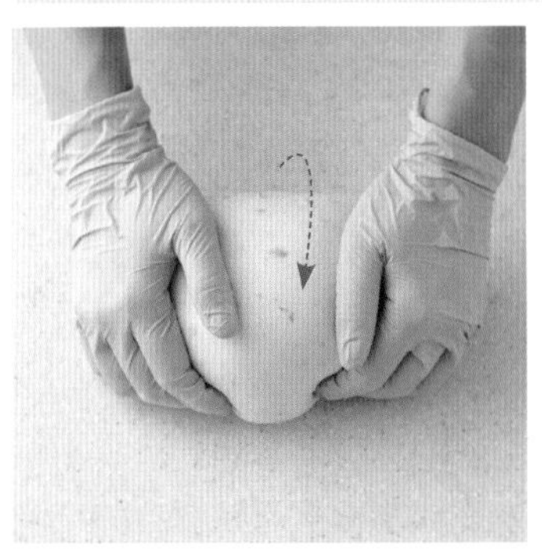

10 반죽을 한 방향으로 만다.

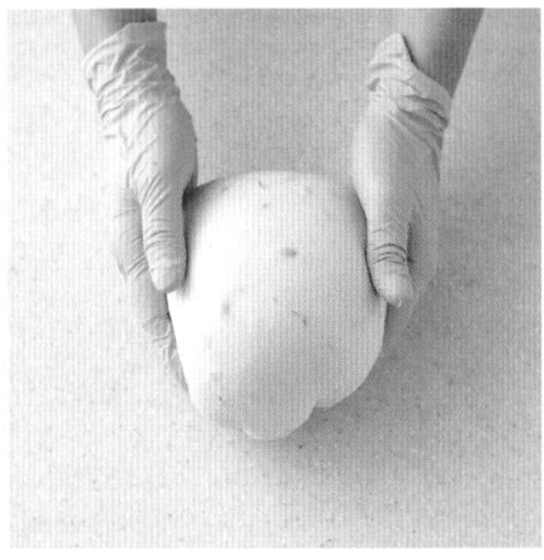

11 반죽을 다시 둥글려 볼에 넣는다.

12 볼에 랩을 씌워 24~25°C 정도의 실온에서 30분간 더 발효시킨다.

분할하기(+ 휴지)

13 반죽을 작업대 위에 엎어 올린 후 손바닥으로 반죽을 가볍게 누르면서 가스를 빼고 스크래퍼를 이용해 100g씩 분할한다.

휴지가 완료된 반죽 상태

14 반죽을 가운데로 접어 둥글린 후 반죽이 마르지 않게 천이나 비닐을 덮어 24~25°C 정도의 실온에서 20분간 휴지시킨다.

TIP 실온에서 5분간 휴지 후 긴 원통 모양으로 늘여 냉장실에서 30분간 휴지시키면 성형이 한결 쉬워요.

성형하기

15 작업대 위에 반죽의 매끈한 면이 바닥으로 가도록 올리고 밀대를 이용해 23~25cm 길이의 타원형으로 밀어 편다.

TIP 속재료를 넣는 경우 처음부터 길게 밀어 펴야 재료가 터져 나오지 않아요.

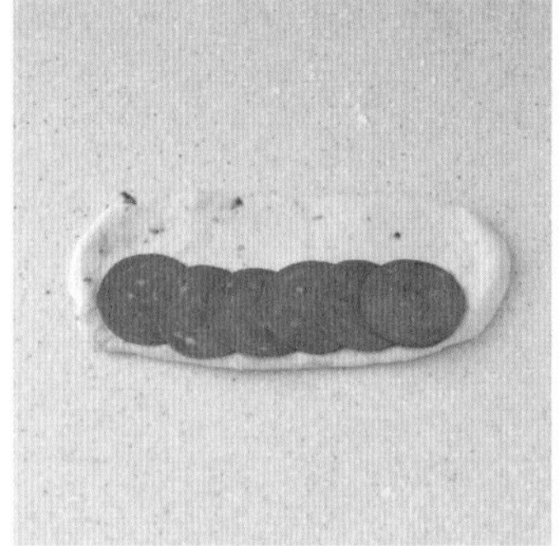

16 반죽을 가로로 90도 돌리고 반죽의 1/3지점에 페퍼로니 6장을 나란히 겹쳐 올린다.

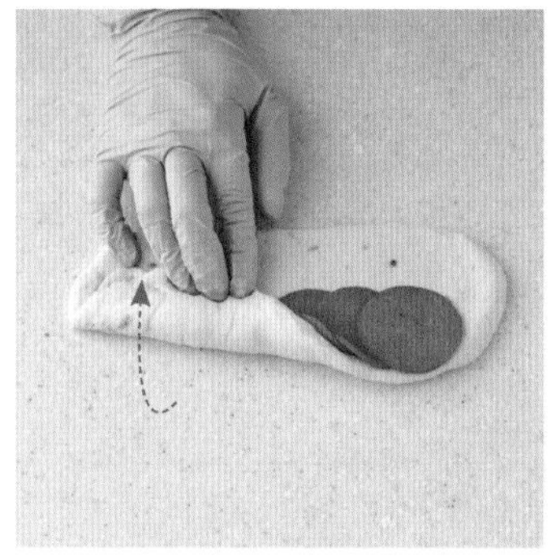

17 반죽을 위에서 아래로 페퍼로니를 덮으면서 한 방향으로 만다.

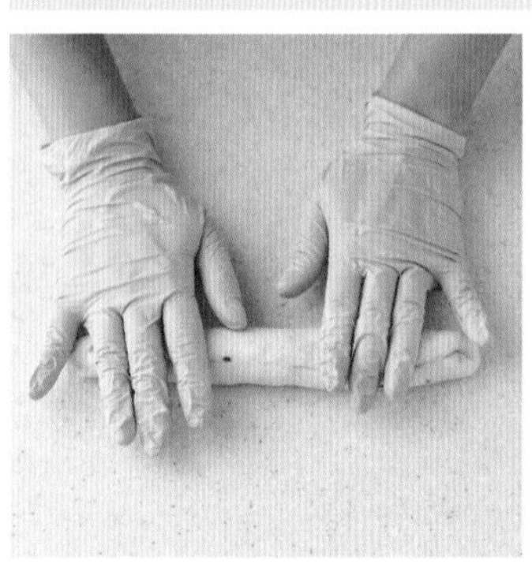

18 반죽의 이음매를 단단히 꼬집어 고정시키고 반죽을 바닥에 가볍게 굴리면서 두께를 고르게 정리한다.

19 밀대를 이용해 한쪽 끝을 넓게 밀어 편다.

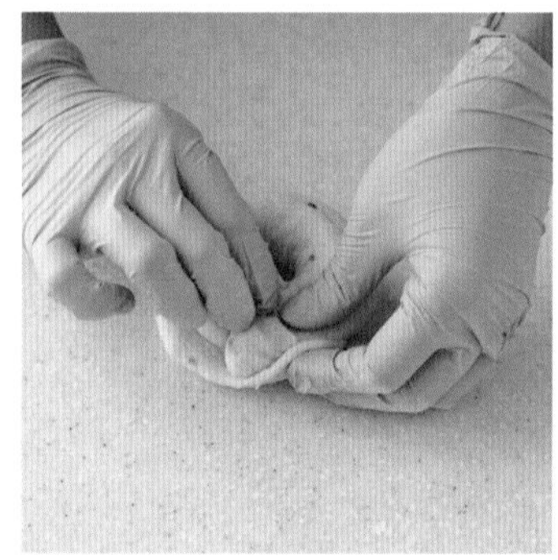

20 넓게 밀어 편 반죽으로 다른 한쪽을 감싼 후 이음매를 단단히 꼬집어 고정시킨다.

2차 발효하기(+ 오븐 예열, 데치는 물 준비)

21 종이 포일 위에 반죽을 올리고 24~25°C 정도의 실온에서 40분 정도 2차 발효시킨다.

22 오븐을 예열(컨벡션 오븐 250°C, 데크 오븐 윗불, 아랫불 각 220°C)하고 반죽 데칠 물을 끓인다.

데치기

23 물이 끓어오르면 반죽을 종이째로 얹어 올리고 30초간 데치면서 종이를 떼어낸 후 뒤집어 30초간 더 데친다.

TIP 물이 팔팔 끓는 상태에서 데치면 구웠을 때 반죽 표면이 쭈글쭈글해져요. 반죽을 데치기 전에 반드시 불을 줄여요.

24 실패드를 깐 철판에 반죽을 간격을 두고 올린다.

굽기

25 베이글 가운데에 슈레드 치즈 10g을 올리고 250°C로 예열한 컨벡션 오븐에 반죽을 넣고 5분, 오븐을 끄고 5분, 210°C로 다시 켜서 2~3분간 구움색을 봐가면서 굽는다(데크 오븐은 220°C에서 13~15분).

완성하기

26 구운 베이글 위에 페퍼로니를 3장씩 올리고 210°C 오븐에서 1분 30초~2분 정도 굽는다.

TIP 페퍼로니는 오래 구우면 딱딱하고 굽지 않으면 비린 맛이 나요. 페퍼로니 테두리가 살짝 휘어질 정도로 구워주면 돼요.

CHAPTER 2

골라먹는 재미,
베이글의 맛을 UP 시키는
스프레드&소스

베이글과 크림치즈는 떼려야 뗄 수 없는 사이예요.
쫄깃한 베이글과 부드러운 크림치즈의 조합은
뉴욕에서 가장 인기 있고 클래식한 아침 식사 중
하나거든요. 플레인 크림치즈를 베이글에 그대로
발라 먹기도 하고 휘핑하거나 다른 재료를 섞어
다양한 옵션으로 즐기기도 합니다.

크림치즈 베이스의 달달하고 짭조름한 스프레드부터
수제 크림치즈, 초코 소스, 잼 등 식사, 간식,
샌드위치에 활용할 수 있는 스프레드&소스를
다채롭게 소개합니다.

상큼 쫍조름한 맛

수제 플레인 크림치즈

수제 크림치즈는 수제 리코타 치즈보다 식초와 레몬즙의 비율이 높아
좀 더 단단하게 굳고 신맛이 있어요. 사용할 때는 핸드믹서나 푸드 프로세서에
곱게 갈아야 식감이 부드러워요.

INGREDIENT

완성 분량 약 500g / 냉장 보관 10일

- 우유 5컵(1ℓ)
- 생크림 520g
- 식초(하인즈) 20g
- 소금 10g
- 설탕 12g
- 레몬즙 30g

HOW TO MAKE

1 깊은 냄비에 레몬즙을 제외한 모든 재료를 넣고 중간 불에서 끓어오르면 약한 불로 낮춰 몽글몽글 뭉쳐질 때까지(80°C 정도) 끓인다.

2 가운데 지점까지 몽글하게 뭉치면 불에서 내려 냄비 가장자리에 레몬즙을 둘러 넣는다.

3 주걱으로 크게 한두 바퀴만 천천히 저은 후 실온에서 1~2시간 식힌다.

4 거름망에 요리용 거즈를 깔고 천천히 부어 유청을 뺀 후 거즈를 묶어 냉장실에서 반나절 정도 남은 유청을 더 뺀다.

5 바믹서로 곱게 간 후 밀폐용기에 담아 냉장 보관한다.

TIP 냄비에서 끓이는 동안 너무 많이 젓지 않도록 주의해요.

TIP 유청을 빼는 시간으로 원하는 질감을 조절합니다. 오래둘수록 꾸덕하고 단단한 크림치즈가 완성돼요.

3

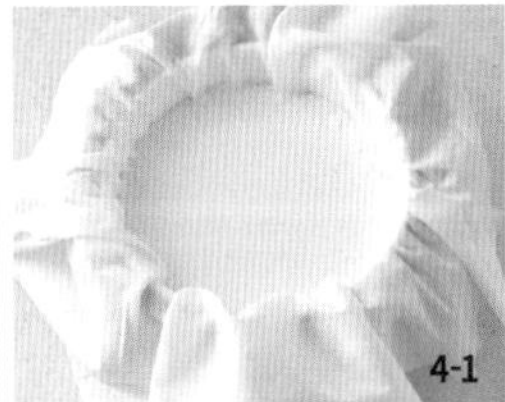
4-1

4-2

달달 상큼한 맛

딸기 우유 크림치즈 스프레드 &우유 생크림 스프레드

딸기 우유 크림치즈 스프레드의 딸기소스를 마블 무늬가 남도록 가볍게 섞으면
베이글에 발랐을 때 딸기 우유와 크림치즈의 맛을 함께 느낄 수 있어요. 우유 생크림 스프레드는
사용하기 직전에 한번 더 단단하게 휘핑해야 흘러내리지 않아요.

딸기 우유 크림치즈 스프레드

우유 생크림 스프레드

딸기 우유 크림치즈 스프레드

INGREDIENT

완성 분량 약 220g / 냉장 보관 3~4일

- 크림치즈(필라델피아) 150g
- 딸기소스(아임요 딸기소스) 50g
- 연유 25g

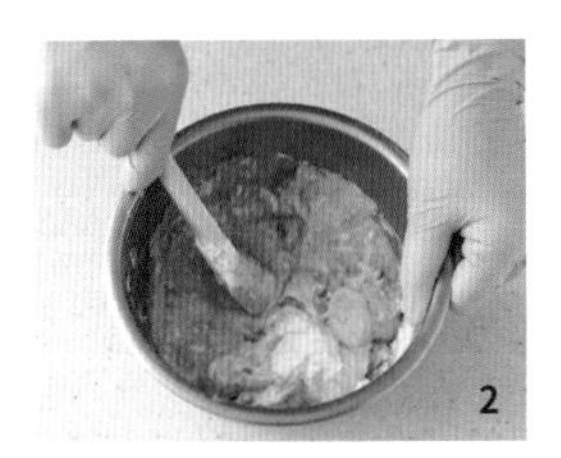

HOW TO MAKE

1 볼에 크림치즈를 넣고 주걱으로 부드럽게 푼다.

2 연유를 넣고 매끈하게 섞은 후 딸기소스를 넣고 일부만 먼저 섞는다.

3 마블 무늬가 남도록 가볍게 섞은 후 소독한 용기에 담아 냉장 보관한다.

TIP 크림치즈는 너무 많이 풀면 갑자기 물처럼 묽어지는 성질이 있으니 조심해요.

TIP 단단한 질감의 크림치즈를 사용할 경우 과정②에서 생크림(또는 휘핑크림) 25g을 추가해요.

TIP 딸기소스를 넣고 많이 섞을수록 크림이 분리된 것처럼 거칠어지니 가볍게만 섞어요.

우유 생크림 스프레드

INGREDIENT

완성 분량 약 430g / 냉장 3~4일

- 크림치즈(필라델피아) 95g
- 생크림 250g(또는 동물성 휘핑크림)
- 연유 82g
- 설탕 4g

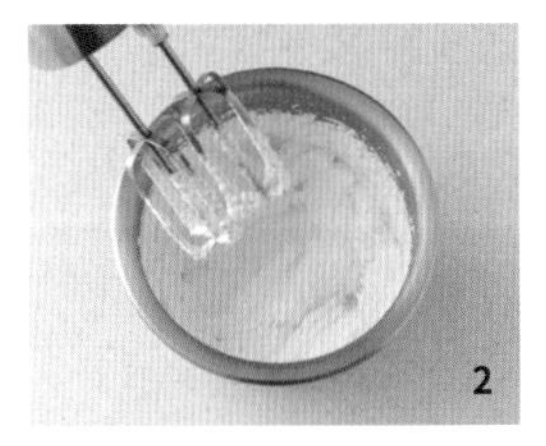

HOW TO MAKE

1 볼에 크림치즈를 넣고 핸드믹서로 덩어리 없이 가볍게 섞은 후 휘핑크림 1/3분량을 넣어 잘 섞는다.

2 다른 볼에 나머지 생크림, 연유, 설탕을 넣고 핸드믹서로 단단하게 휘핑한다.

3 ②에 ①을 넣고 주걱 또는 핸드믹서의 저속으로 잘 섞은 후 소독한 용기에 담아 냉장 보관한다.

TIP 각종 잼이나 과일을 넣은 샌드위치에 잘 어울리는 크림이에요.

달달 구덕한 맛

무화과 크림치즈 스프레드

무화과 크림치즈 스프레드는 호불호 없이 누구나 좋아하는 스프레드예요.
특히 견과류를 넣은 고소한 맛의 베이글과 잘 어울려요. 무화과 콩피를 추가하고 싶다면
꿀의 분량을 조절하세요.

INGREDIENT

완성 분량 약 200g / 냉장 보관 3~4일

- 크림치즈(필라델피아) 150g
- 잘게 썬 무화과 콩피 25g
- 꿀 25g

- **무화과 콩피(5~6회 분량)**
  반건조 무화과 100g
  레드와인 166g
  화이트와인 33g
  설탕 10g

HOW TO MAKE

무화과 콩피 만들기

1 무화과 꼭지를 가위로 깨끗하게 정리한 후 2등분한다.

2 냄비에 무화과 콩피 재료를 넣고 중약 불에서 30~40분 정도 졸인다.

TIP 무화과 콩피는 하루 정도 냉장 숙성 후 사용해요.

TIP 무화과 콩피는 한 달 정도 냉장 보관 가능해요.

무화과 크림치즈 스프레드 만들기

3 볼에 크림치즈를 넣고 주걱으로 부드럽게 푼다.

4 꿀을 넣고 매끈하게 섞는다.

5 무화과 콩피를 넣고 마블 무늬가 남도록 가볍게 섞는다.

6 소독한 용기에 담아 냉장 보관한다.

TIP 단단한 질감의 크림치즈를 사용할 경우 과정④에서 생크림(또는 휘핑크림) 25g을 추가해요.

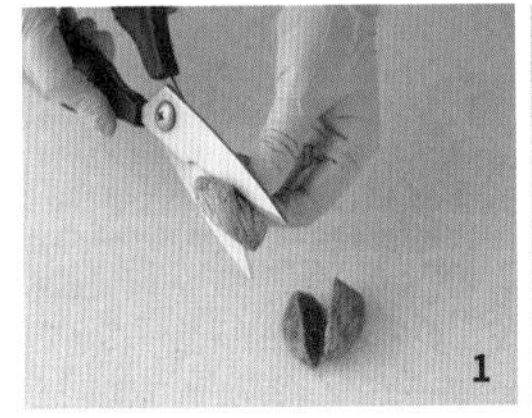
1

2-1

2-2

달달 고소한 맛

메이플 피칸 크림치즈 스프레드

메이플 피칸만으로 은은하고 고급스러운 단맛을 낸 스프레드예요.
시럽과 버터가 골고루 묻을 수 있도록 굽고 뒤적이는 과정을 여러 차례 반복해야
맛있는 메이플 피칸을 만들 수 있어요.

INGREDIENT

완성 분량 약 170g / 냉장 보관 3~4일

- 크림치즈(필라델피아) 150g
- 잘게 썬 메이플 피칸 25g

- **메이플 피칸(5~6회 분량)**
  피칸 160g
  메이플시럽 50g
  소금 1g
  녹인 무염 버터 12g

3-1

3-2

4

5

HOW TO MAKE

메이플 피칸 만들기

1 냄비에 물(5컵)을 넣고 불에 올려 끓어오르면 피칸을 넣어 1분 정도 데친다.

2 체에 밭쳐 물기를 제거하고 오븐팬에 넓게 펼쳐 160°C로 예열한 오븐에서 6분, 꺼내 뒤적인 후 다시 6분 정도 더 굽는다.

TIP 수분이 완전히 날아가도록 충분히 구워요.

3 볼에 구운 피칸, 소금, 메이플시럽, 녹인 버터를 넣고 섞은 후 종이포일을 깐 오븐팬에 올려 160°C로 예열한 오븐에서 10분간 굽는다.

4 오븐에서 꺼내 고루 뒤적인 후 160°C 오븐에서 10분간 굽고 다시 꺼내 뒤적인다.

TIP 녹은 시럽이 고루 묻도록 잘 뒤적여요.

5 오븐 온도를 140°C로 낮추고 7~8분 정도 더 구운 후 종이포일을 깐 식힘망에 넓게 펼쳐 완전히 식힌다.

6 깊지 않은 보관용기에 실리카겔과 함께 넣고 실온 보관한다.

TIP 요거트, 아이스크림, 케이크 토핑으로 사용해도 좋아요.

TIP 실온에서 10일 정도 보관 가능해요.

메이플 피칸 크림치즈 스프레드 만들기

7 볼에 크림치즈를 넣고 주걱으로 부드럽게 푼다.

8 메이플 피칸을 넣고 가볍게 섞은 후 소독한 용기에 담아 냉장 보관한다.

TIP 단단한 질감의 크림치즈를 사용할 경우 과정⑦에서 생크림(또는 휘핑크림) 25g을 추가해요.

달달 부드러운 맛

초코 스프레드 &요거트크림 스프레드

초코 스프레드는 츄러스를 찍어 먹어도 맛있어요. 요거트 크림 스프레드는
사용하기 직전에 한번 더 단단하게 휘핑해야 흘러내리지 않아요.

요거트크림 스프레드

초코 스프레드

초코 스프레드

INGREDIENT

완성 분량 약 180g / 냉장 보관 10일

- 코팅용 다크 초콜릿 50g
- 생크림 125g(또는 동물성 휘핑크림)
- 우유 100g
- 설탕 36g
- 연유 5g

HOW TO MAKE

1 냄비에 생크림, 우유, 설탕을 넣고 중간 불에서 절반 정도로 졸아들 때까지 끓인다.

2 약한 불로 낮춰 코팅용 다크 초콜릿, 연유를 넣고 전체적으로 끓어오르면 불에서 내린다.

3 볼에 담고 랩을 씌워 완전히 식힌 후 냉장 보관한다.

TIP 볼에 담아 식힐 때는 반드시 랩을 표면에 밀착시켜 표면에 수분이 들어가지 않도록 주의해요.

2

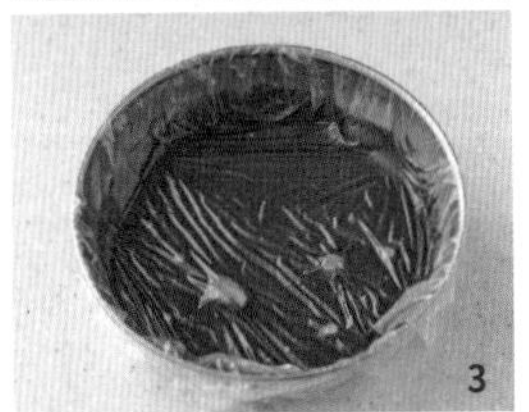
3

요거트크림 스프레드

INGREDIENT

완성 분량 약 320g / 냉장 보관 3~4일

- 생크림 250g(또는 동물성 휘핑크림)
- 플레인 요거트 50g
- 설탕 30g
- 꿀 12g

HOW TO MAKE

1 볼에 모든 재료를 넣고 핸드믹서로 단단하게 휘핑한다.

2 소독한 용기에 담아 냉장 보관한다.

TIP 냉장 보관한 차가운 상태의 생크림과 요거트를 사용해요.

TIP 고구마, 단호박을 넣은 샌드위치에 잘 어울리는 크림이에요.

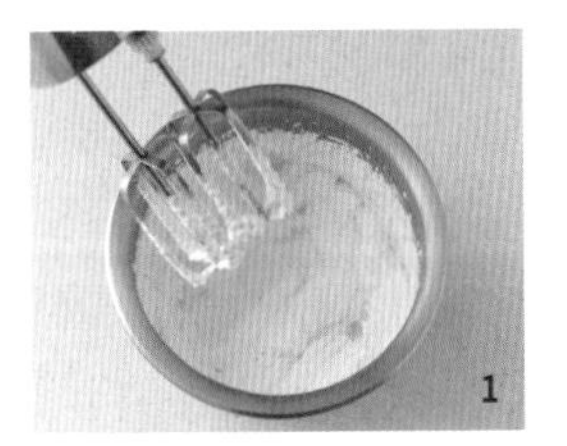
1

개운 짭조름한 맛

쪽파 크림치즈 스프레드 &할라피뇨 크림치즈 스프레드

쪽파 크림치즈 스프레드가 한때 엄청난 인기를 끌었었죠. 대파로 대체 가능하지만
쪽파의 은은한 알싸함과 풍미가 훨씬 잘 어울려요.
할라피뇨 크림치즈 스프레드는 다진 딜을 꼭 넣어야 제맛이 나요.

할라피뇨 크림치즈 스프레드

쪽파 크림치즈 스프레드

쪽파 크림치즈 스프레드

INGREDIENT

완성 분량 약 180g / 냉장 보관 3~4일

- 크림치즈(필라델피아) 150g
- 꿀 12g
- 송송 썬 쪽파 18g(약 2줄기)
- 소금 약간
- 후춧가루 약간

HOW TO MAKE

1 볼에 크림치즈를 넣고 주걱으로 부드럽게 푼다.

2 꿀을 넣고 매끈하게 섞은 후 쪽파를 넣고 가볍게 섞는다.

3 소금, 후춧가루로 간을 하고 소독한 용기에 담아 냉장 보관한다.

TIP 단단한 질감의 크림치즈를 사용할 경우 과정②에서 생크림(또는 휘핑크림) 25g을 추가해요.

할라피뇨 크림치즈 스프레드

INGREDIENT

완성 분량 약220g / 냉장 보관 3~4일

- 크림치즈(필라델피아) 150g
- 다진 할라피뇨 30g
- 다진 샬롯 26g(또는 양파)
- 설탕 15g
- 소금 2g
- 레몬즙 4g
- 다진 딜 1g(생략 가능)
- 소금 약간
- 후춧가루 약간

HOW TO MAKE

1 볼에 크림치즈를 넣고 주걱으로 부드럽게 푼다.

2 나머지 재료를 한 번에 넣고 가볍게 섞는다.

3 소금, 후춧가루로 간을 하고 소독한 용기에 담아 냉장 보관한다.

TIP 할라피뇨는 잘게 다져 수분을 최대한 제거하고 사용해요. 레시피는 수분을 제거한 후의 무게예요.

펍조를 풍부한 맛

고르곤졸라 크림치즈 스프레드 &마늘 크림치즈 스프레드

개성이 강한 두 가지 맛의 스프레드예요. 고르곤졸라 크림치즈 스프레드는
고르곤졸라치즈의 덩어리가 남아 있게 가볍게 섞어야지 씹었을 때 맛과 향을 더 진하게 느낄 수 있어요.

마늘 크림치즈 스프레드

고르곤졸라 크림치즈 스프레드

고르곤졸라 크림치즈 스프레드

INGREDIENT

완성 분량 약 180g / 냉장 보관 3~4일

- 크림치즈(필라델피아) 150g
- 꿀 12g
- 고르곤졸라 치즈 20g
- 소금 약간
- 후춧가루 약간

HOW TO MAKE

1 볼에 크림치즈를 넣고 주걱으로 부드럽게 푼다.

2 꿀을 넣고 매끈하게 섞은 후 고르곤졸라 치즈를 넣고 가볍게 섞는다.

3 소금, 후춧가루로 간을 하고 소독한 용기에 담아 냉장 보관한다.

TIP 단단한 질감의 크림치즈를 사용할 경우 과정②에서 생크림(또는 휘핑크림) 25g을 추가해요.

마늘 크림치즈 스프레드

INGREDIENT

완성 분량 약 170g / 냉장 보관 3~4일

- 크림치즈(필라델피아) 150g
- 꿀 16g
- 마늘가루 6g
- 소금 약간
- 후춧가루 약간

HOW TO MAKE

1 볼에 크림치즈를 넣고 주걱으로 부드럽게 푼다.

2 꿀을 넣고 매끈하게 섞은 후 마늘가루를 넣고 가볍게 섞는다.

3 소금, 후춧가루로 간을 하고 소독한 용기에 담아 냉장 보관한다.

TIP 단단한 질감의 크림치즈를 사용할 경우 과정②에서 생크림(또는 휘핑크림) 25g을 추가해요.

토마토 바질 크림치즈 스프레드 &트러플 크림치즈 스프레드

스프레드는 재료를 섞는 순서와 섞는 정도에 따라 질감, 색, 맛과 향이 달라져요.
바질페스트나 트러플오일 역시 너무 섞으면 오히려 색이 탁해지거나 맛이 옅어질 수 있어요.

토마토 바질 크림치즈 스프레드

트러플 크림치즈 스프레드

토마토 바질 크림치즈 스프레드

INGREDIENT

완성 분량 약 200g / 냉장 보관 3~4일

- 크림치즈(필라델피아) 150g
- 바질페스트 23g
- 다진 썬드라이드 토마토 25g
- 꿀 6g

HOW TO MAKE

1 볼에 크림치즈를 넣고 주걱으로 부드럽게 푼다.

2 꿀을 넣고 매끈하게 섞는다.

3 썬드라이드 토마토를 넣고 고루 섞은 후 바질페스트를 넣고 마블 형태가 남도록 가볍게 섞는다.

4 소독한 용기에 담아 냉장 보관한다.

TIP 썬드라이드 토마토는 사용하기 전에 키친타올로 수분과 기름을 제거해요.

TIP 페스트를 넣은 후에 많이 섞으면 색이 탁해지니 가볍게 섞어 색감을 살려요.

트러플 크림치즈 스프레드

INGREDIENT

완성 분량 약 170g / 냉장 3~4일

- 크림치즈(필라델피아) 150g
- 다진 양송이버섯 20g(또는 표고버섯)
- 트러플파우더 1g
  (사바티노, 또는 트러플오일)
- 다진 마늘 1쪽 분량
- 소금 약간
- 후춧가루 약간

HOW TO MAKE

1 팬을 약한 불에 올려 포도씨유(약간)를 두른 후 다진 마늘을 넣고 향이 날 때까지 볶는다.

2 버섯을 넣고 노릇해질 때까지 볶은 후 식힌다.

3 볼에 크림치즈를 넣고 주걱으로 부드럽게 푼 후 ②의 버섯, 나머지 재료를 모두 넣고 골고루 섞는다.

4 소독한 용기에 담아 냉장 보관한다.

TIP 트러플파우더는 트러플오일보다 오래 보관할 수 있어요.

단짠의 조화로운 맛

버라이어티 소스&베이컨잼

버라이어티 소스는 이름처럼 활용도가 아주 높은 소스랍니다.
넉넉하게 만들어 두는 게 좋은데, 하루 정도 숙성시키면 맛이 훨씬 부드러워져요.
베이컨잼은 핫도그에 토핑으로 올려도 맛있어요.

버라이어티 소스

INGREDIENT

완성 분량 약 570g / 냉장 보관 20일 정도

- 다진 양파 50g
- 다진 할라피뇨 50g
- 송송 썬 쪽파 15g
- 마요네즈 300g
- 생크림 50g(또는 동물성 휘핑크림)
- 꿀 50g
- 설탕 12g
- 홀그레인 머스터드 45g
- 소금 3g
- 후춧가루 약간

HOW TO MAKE

1 볼에 모든 재료를 넣고 잘 섞는다.

TIP 만들어 하루 정도 냉장 숙성 후 사용해요.

1

베이컨잼

INGREDIENT

완성 분량 약 500g / 냉장 보관 10일 정도

- 다진 돼지고기 60g
- 잘게 썬 베이컨 100g
- 다진 양파 185g
- 다진 마늘 10g
- 설탕 10g
- 시판 토마토소스 150g
- 토마토케첩 15g
- 시판 스테이크 소스 6g
- 칠리파우더 3g
- 고춧가루 4g
- 넛맥 간 것 약간(생략 가능)
- 소금 약간
- 후춧가루 약간

HOW TO MAKE

1 팬을 중약 불에 올려 포도씨유(약간)를 두른 후 다진 양파, 다진 마늘을 넣고 양파가 투명해질 때까지 볶는다. 소금으로 간을 하고 덜어둔다.

2 다진 돼지고기, 베이컨, 스테이크소스, 소금, 후춧가루를 넣고 노릇하게 볶는다.

3 ②에 ①, 설탕, 토마토소스, 토마토케첩, 칠리파우더, 고춧가루, 넛맥을 넣고 간이 고루 베이도록 1~2분 정도 볶는다.

4 소독한 용기에 담아 냉장 보관한다.

1

3

부드럽고 고급스러운 맛

연어 리예트 &감자 스프레드

리예트(Rillettes)는 고기나 생선에 지방, 향신료를 넣고 열을 가해 만드는 프랑스식 스프레드예요. 바싹 구운 베이글에 연어 리예트만 얹어 먹어도 정말 고급스러워요. 감자 스프레드는 베이컨잼과 찰떡궁합입니다.

연어 리예트

감자 스프레드

연어 리예트

INGREDIENT

완성 분량 약 180g / 냉장 10일

- 생연어 125g
- 크림치즈(필라델피아) 25g
- 플레인 요거트 35g
- 레몬즙 1/2큰술
- 레몬제스트 1/2개
- 다진 샬롯 1/2개(또는 양파)
- 다진 딜 2줄기 분량(생략 가능)
- 소금 약간
- 후춧가루 약간

HOW TO MAKE

1 냄비에 연어가 잠길 정도의 물, 화이트와인(1큰술), 레몬 슬라이스(1장), 소금(한꼬집)을 넣고 중강 불에서 끓어오르면 연어를 넣고 불을 끈다.

2 뚜껑을 덮고 15분 정도 잔열로 익힌 후 건져서 완전히 식힌다.

3 볼에 담고 포크로 잘게 으깬 후 나머지 재료를 모두 넣고 골고루 섞는다.

TIP 바싹 구운 베이글이나 단단한 식감의 빵과 잘 어울려요.

1

3

감자 스프레드

INGREDIENT

완성 분량 약 250g / 냉장 10일

- 감자플레이크 40g
- 우유 200g
- 설탕 10g
- 무염 버터 20g
- 소금 약간
- 후춧가루 약간

HOW TO MAKE

1 냄비에 감자 스프레드 재료 중 버터를 제외한 나머지 재료 넣고 중약 불에서 1~2분간 주걱으로 볶는다.

2 부드러운 질감이 나면 불에서 내려 버터를 넣고 잔열로 녹인 후 식힌다.

2

CHAPTER 3

스프레드와 속재료의 다양한 조합
베이글 샌드위치

베이글을 맛있게 즐기는 또 다른 방법,
바로 샌드위치입니다. 베이글 샌드위치는 갓 구운
베이글보다 하루 정도 묵혀 살짝 단단해졌을 때 만드는 게
더 좋은데요, 너무 부드러우면 스프레드나 속재료의
수분 때문에 베이글이 질척해져 특유의 쫄깃한 식감이
줄어들기 때문이에요. 책에서는 쫄깃쫀쫀한 정통 뉴욕
베이글을 샌드위치용 베이글 1순위로 추천해요!

샌드위치는 빵과 스프레드, 속재료의 조화가
가장 중요해요. 이 요소들이 서로의 맛을 돋우며 환상적인
궁합을 자랑하는 13가지 베이글 샌드위치를 소개합니다.
웬만한 샌드위치에 두루두루 잘 어울리는 버라이어티
소스도 특별 공개하니 꼭 만들어 보세요.

달달한 간식용

과일 샌드위치

생크림의 고소함이 더해진 우유 생크림 스프레드는 어떤 과일과도 잘 어울려요. 크림치즈의 적당한 산미 덕분에 듬뿍 발라도 느끼하지 않고요. 크림 샌드위치에는 부드러운 식감의 베이글이 잘 어울려요.

INGREDIENT

샌드위치 1개 분량

- 플레인 베이글 1개
- 우유 생크림 스프레드 100~120g
  * 만들기 114쪽
- 제철 과일 약간(딸기, 망고, 샤인머스켓, 블루베리, 무화과, 등)

HOW TO MAKE

1 베이글을 반으로 자른다.

2 베이글 양면에 우유 생크림 스프레드를 듬뿍 바른다.

3 바닥 면에 과일을 골고루 올린 후 뚜껑을 덮는다.

4 랩으로 단단하게 말아 냉장 보관했다가 굳으면 민자 칼로 자른다.

TIP 과일은 잘랐을 때 단면이 예쁘게 나올 수 있도록 올려요.

TIP 톱니 칼로 자르면 과일 단면에 크림 얼룩이 생겨 지저분해요.

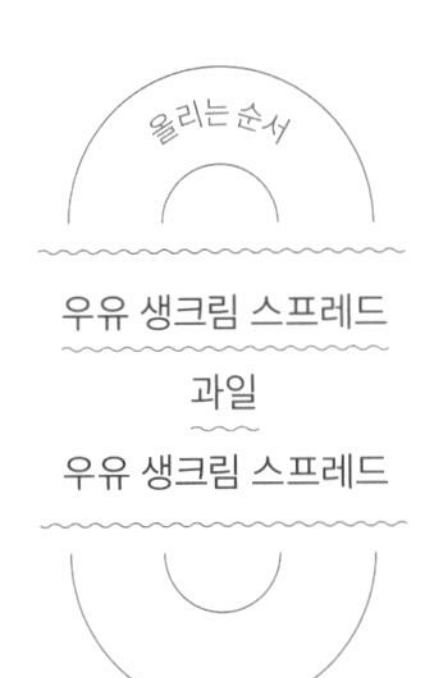

달달한 간식용

고구마 샌드위치

고구마가 샌드위치 재료로 과연 잘 어울릴까 싶겠지만, 의외로 맛있답니다. 대신 꼭 요거트크림 스프레드를 발라야 해요. 고구마는 찌는 것보다 굽는 게 당도가 더 올라가고, 밤고구마보다는 촉촉한 호박고구마가 좋아요.

INGREDIENT

샌드위치 1개 분량

- 플레인 베이글 1개
- 요거트크림 스프레드 100~120g
  * 만들기 120쪽
- 고구마 100g

HOW TO MAKE

1 180°C로 예열한 오븐(또는 에어프라이어)에 고구마를 넣고 20~30분간 구운 후 식힌다.

2 베이글을 반으로 자른 후 양면에 요거트크림 스프레드를 듬뿍 바른다.

3 바닥 면에 고구마를 올리고 뚜껑을 덮은 후 단단하게 말아 냉장 보관했다가 굳으면 민자 칼로 자른다.

TIP 크림을 채우는 샌드위치에는 부드러운 식감의 베이글이 잘 어울려요.

TIP 커팅한 표면에 설탕을 뿌리고 토치로 그을리면 달달한 크렘 브륄레 샌드가 완성돼요.

TIP 톱니 칼로 자르면 고구마 단면에 크림 얼룩이 생겨 지저분해요.

요거트크림 스프레드

고구마

요거트크림 스프레드

달달한 간식용

크림 꿀샌드위치

유명 베이글 전문점의 'B 샌드위치' 못지 않은 비주얼과 맛의 샌드위치입니다. 이 샌드위치의 포인트는 참깨 베이글인데요, 참깨가 톡톡 씹히는 고소한 베이글에 크림과 달달한 꿀을 듬뿍 뿌려 먹으면 정말 맛있어요.

INGREDIENT

샌드위치 1개 분량

- 참깨 베이글 1개
- 크림치즈 300g
- 꿀 20g

HOW TO MAKE

1 볼에 크림치즈를 넣고 주걱으로 부드럽게 푼다.

2 베이글을 반으로 자른다.

3 베이글 양면에 ①의 크림을 듬뿍 바른 후 겹친다.

4 꿀을 뿌려가며 먹는다.

TIP 크림을 채우는 샌드위치에는 부드러운 식감의 베이글이 잘 어울려요.

TIP 단단한 질감의 크림치즈를 사용할 경우 과정①에서 생크림(또는 휘핑크림) 30g을 추가해요.

달달한 간식용

카야잼 소금버터 샌드위치

싱가포르의 국민음식이라고 불리는 카야 토스트는 식빵에 카야잼과 버터를 바르는데요, 이 카야 토스트를 응용한 샌드위치예요. 달달한 카야잼과 프랑스산 고메 버터, 소금의 단짠의 조화가 아주 잘 어울려요.

INGREDIENT

샌드위치 1개 분량

- 플레인 베이글 1개
- 카야잼(노브랜드) 20~20g
- 고메 버터 슬라이스 3장(약 30g)
- 게랑드 소금 약간(또는 말돈 소금)

HOW TO MAKE

1 베이글을 반으로 자른다.

2 베이글 바닥 면에 카야잼을 펴 바른다.

3 고메 버터를 올리고 소금을 뿌린 후 뚜껑을 덮는다.

TIP 카야잼을 양면에 바르면 너무 달기 때문에 한쪽 면에만 발라요.

TIP 샌드용으로 사용하는 버터는 향과 풍미가 좋은 프랑스산 고메 버터를 추천해요.

TIP 버터의 두께는 취향에 따라 조절해요.

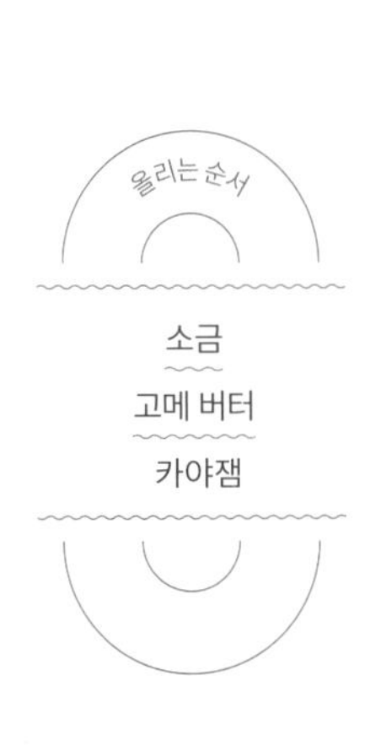

짭조름한 식사용

에그마요 샌드위치

버라이어티 소스는 스프레드뿐만 아니라 샐러드를 만들 때도 요긴한데요, 버라이어티 소스에 버무린 에그 샐러드는 그대로 먹어도 맛있어요. 베이컨은 많이 구우면 딱딱해지니 노릇하게만 구워요.

INGREDIENT

샌드위치 1개 분량

- 플레인 베이글 1개
- 오이 슬라이스 2~3장
- 반으로 자른 베이컨 3장
- 루꼴라 15g(또는 로메인)
- 허니머스터드 15g
- 버라이어티 소스 20g * 만들기 128쪽

에그마요 샐러드

- 삶은 달걀 5개
- 버라이어티 소스 75g

HOW TO MAKE

1 달걀은 완숙으로 삶아 흰자와 노른자를 분리하고 곱게 다진다.

2 볼에 ①, 에그마요 샐러드 재료 중 버라이어티 소스를 넣고 잘 섞어 에그마요 샐러드를 만든다.

3 팬을 약한 불에 올리고 포도씨유(약간)를 두른 후 베이컨을 노릇하게 굽는다.

4 베이글을 반으로 자른 후 양면에 버라이어티 소스를 가볍게 펴 바른다.

5 베이글 바닥 면에 오이 → 에그마요 샐러드 → 베이컨 순으로 올리고 허니머스터드를 뿌린다.

6 루꼴라를 올리고 뚜껑을 덮는다.

TIP 오이는 슬라이서를 사용해 최대한 얇게 썰어요.

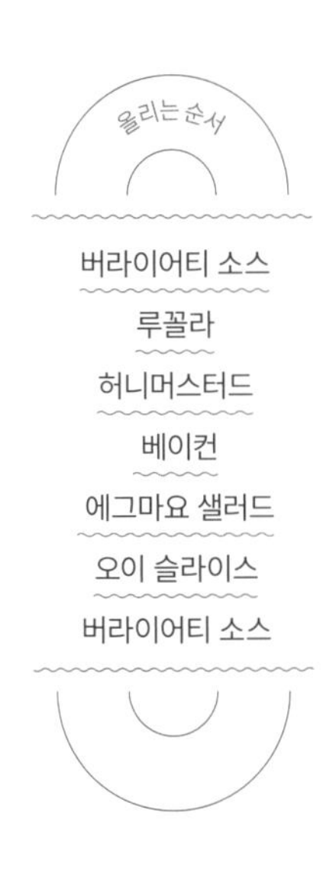

짭조름한 식사용

그릴드 베지 샌드위치

구워서 마리네이드 한 채소의 감칠맛, 썬드라이드 토마토의 새콤한 맛이 바질페스트, 리코타 치즈와 완벽한 조화를 이루는 샌드위치예요. 개인적으로 강력 추천하는 메뉴입니다.

INGREDIENT

샌드위치 1개 분량

- 올리브 치즈 베이글 1개 (또는 토마토 바질 베이글)
- 채소 마리네이드 약간(파프리카, 가지, 버섯 등) * 만들기 166쪽
- 바질페스트 15g
- 에멘탈 슬라이스 치즈 1장
- 루꼴라 15g(또는 로메인)
- 썬드라이드 토마토 2~3개
- 리코타 치즈 25g(또는 크림치즈)

HOW TO MAKE

1 베이글을 반으로 잘라 노릇하게 토스트한다.

2 베이글 바닥 면에 바질페스트를 바르고 뚜껑 면에는 리코타 치즈를 바른다.

3 바질페스트를 바른 바닥 면 위에 치즈 → 채소 마리네이드의 파프리카 → 가지 → 버섯 순으로 올린다.

4 루꼴라와 썬드라이드 토마토를 올리고 리코타 치즈를 바른 뚜껑을 덮는다.

TIP 리코타 치즈 대신 생모짜렐라 치즈 슬라이스를 넣어도 맛있어요.

리코타 치즈

썬드라이드 토마토

루꼴라

버섯 마리네이드

가지 마리네이드

파프리카 마리네이드

에멘탈 치즈

바질페스트

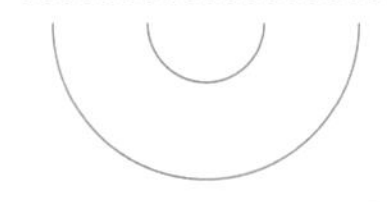

짭조름한 식사용

에브리띵 샌드위치

에브리띵 베이글에 당근 라페를 비롯한 각종 재료들을 듬뿍 채웠어요.
당근 라페는 채칼로 최대한 얇게 썰어 절여야 비린 맛이 덜해요.

INGREDIENT

샌드위치 1개 분량

- 에브리띵 베이글 1개
- 반으로 자른 베이컨 3장
- 달걀 1개
- 당근 라페 30g * 만들기 166쪽
- 에멘탈 슬라이스 치즈 1장
- 루꼴라 15g(또는 로메인)
- 버라이어티 소스 40~50g
  * 만들기 128쪽

HOW TO MAKE

1 베이글은 반으로 잘라 노릇하게 토스트한다.

2 팬을 중약 불에 올리고 포도씨유(약간)를 두른 후 달걀프라이를 한다.

3 ②의 팬에 베이컨을 넣고 약한 불에서 노릇한 색이 날 정도로만 굽는다.

TIP 베이컨은 너무 많이 구우면 식은 후 딱딱해져요.

4 베이글 양면에 버라이어티 소스를 펴 바른다.

5 베이글 바닥 면에 루꼴라 → 베이컨 → 치즈 → 달걀프라이 순으로 올린다.

6 당근 라페를 올리고 뚜껑을 덮는다.

버라이어티 소스
당근 라페
달걀프라이
에멘탈 치즈
베이컨
루꼴라
버라이어티 소스

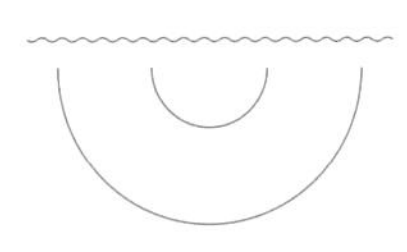

짭조름한 식사용

새우 아보카도 샌드위치

새우와 아보카도의 조합은 오픈 샌드위치에도 잘 어울리죠. 새우는 얇게 썬 양파, 셀러리와 함께 버무려 상큼한 맛을 더했어요. 마무리는 통후추 간 것을 살짝 뿌려주세요.

INGREDIENT

샌드위치 1개 분량

- 플레인 베이글 1개
  (또는 올리브 치즈 베이글)
- 새우 샐러드 80~90g
- 아보카도 슬라이스 1/4개 분량
- 오이 슬라이스 2~3장
- 홀그레인 머스터드 15g
- 통후추 간 것 약간

새우 샐러드
- 데친 새우 200g
- 다질 샐러리 1큰술
- 다진 양파 1큰술
- 다진 쪽파 1큰술
- 마요네즈 45g
- 플레인 요거트 60g
- 레몬즙 1작은술

홀그레인 머스터드

아보카도

새우 샐러드

오이 슬라이스

홀그레인 머스터드

HOW TO MAKE

1 볼에 데친 새우를 제외한 새우 샐러드 재료를 넣고 섞은 후 새우를 넣고 새우 샐러드를 만든다.

2 베이글은 반으로 잘라 노릇하게 토스트한다.

3 베이글 양면에 홀그레인 머스터드를 펴 바른다.

4 베이글 바닥 면에 오이 → 새우 샐러드 → 아보카도 순으로 올린다.

5 통후추 간 것을 뿌리고 뚜껑을 덮는다.

TIP 오이는 슬라이서를 사용해 최대한 얇게 썰어요.

짭조름한 식사용

연어 할라피뇨크림 샌드위치

훈제 연어의 느끼한 맛을 할라피뇨 크림치즈 스프레드와 양파 슬라이스로 꽉 잡았어요.
버라이어티 소스와 케이퍼는 한 끗 다른 풍부한 맛을 내는 재료예요.

INGREDIENT

샌드위치 1개 분량

- 플레인 베이글 1개(또는 참깨 베이글)
- 훈제 연어 2~3장
- 에멘탈 슬라이스 치즈 1장
- 양파 슬라이스 약간
- 루꼴라 15g(또는 로메인)
- 케이퍼 약간
- 할라피뇨 크림치즈 스프레드 50g
  (또는 쪽파 크림치즈 스프레드)
  * 만들기 122쪽
- 버라이어티 소스 20g * 만들기 128쪽

HOW TO MAKE

1 베이글은 반으로 잘라 노릇하게 토스트한다.

2 베이글 양면에 할라피뇨 크림치즈 스프레드를 듬뿍 바른다.

3 루꼴라를 올린 후 에멘탈 치즈를 올린다.

4 훈제 연어를 볼륨 있게 올린 후 버라이어티 소스를 살짝 뿌린다.

5 케이퍼, 양파 슬라이스를 올리고 뚜껑을 덮는다.

할라피뇨 크림치즈 스프레드
양파 슬라이스
케이퍼
버라이어티 소스
훈제 연어
에멘탈 치즈
루꼴라
할라피뇨 크림치즈 스프레드

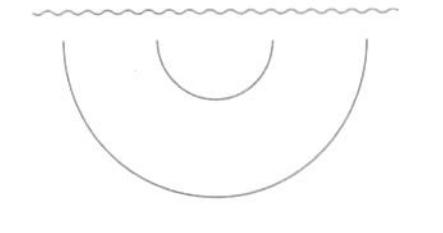

짭조름한 식사용

필리 치즈 샌드위치

필리 치즈 샌드위치는 미국 필라델피아를 대표하는 음식으로 얇게 썬 쇠고기와 치즈를 넣어요. '필리'는 미국 필라델피아의 줄임말이에요. 불고기 양념에 재워 볶은 쇠고기 위에 치즈까지 올렸으니 맛이 없을 리 없지요.

INGREDIENT

샌드위치 1개 분량

- 플레인 베이글 1개
- 양파 슬라이스 약간
- 토마토 슬라이스 3장
- 에멘탈 슬라이스 치즈 1장
- 로메인 2~3장(또는 루꼴라 15g)
- 버라이어티 소스 40~50g * 만들기 128쪽

불고기

- 쇠고기 불고기감 300g
- 맛간장 30g
- 황설탕 15g(또는 설탕)
- 매실청 10g
- 다진 마늘 1쪽 분량
- 다진 청양고추 1개 분량

HOW TO MAKE

1 볼에 불고기 재료를 모두 넣고 잘 섞어 최소 30분 이상 재운다.

2 뜨겁게 달군 팬에 ①의 고기를 올리고 센 불에서 빠르게 익힌다.

3 불을 끄고 치즈를 올린 후 뚜껑을 덮어 치즈를 녹인다.

4 베이글을 반으로 잘라 노릇하게 토스트한 후 양면에 버라이어티 소스를 펴 바른다.

5 베이글 바닥 면에 로메인 → 불고기 → 치즈 → 양파 슬라이스 → 토마토 슬라이스 순으로 올린 후 뚜껑을 덮는다.

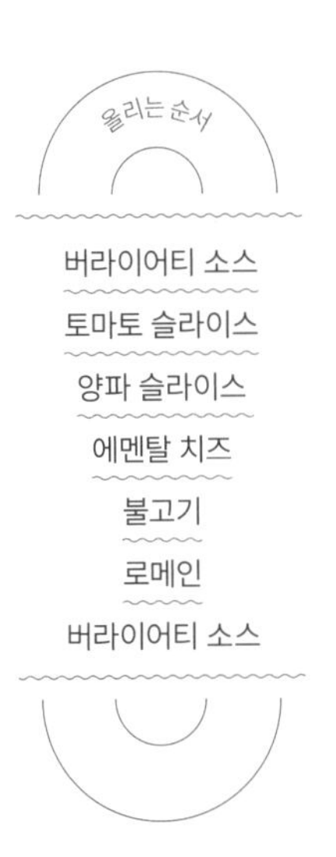

팝조름한 식사용

베이컨잼 포테이토 샌드위치

담백한 포테이토 스프레드와 양파를 듬뿍 넣어 달달한 베이컨잼을 함께 먹을 수 있는 샌드위치예요. 하나만 먹어도 든든할 정도로 볼륨감이 있어요. 베이컨은 통째로 구워 올려야 멋스러워요.

INGREDIENT

샌드위치 1개 분량

- 플레인 베이글 1개 (또는 토마토 바질 베이글)
- 베이컨 1장
- 감자 스프레드 80g * 만들기 130쪽
- 베이컨잼 50g * 만들기 128쪽
- 버라이어티 소스 30g * 만들기 128쪽

HOW TO MAKE

1 베이글을 반으로 잘라 노릇하게 토스트한다.

2 팬을 약한 불에 올리고 포도씨유(약간)를 두른 후 베이컨을 노릇하게 굽는다.

TIP 베이컨은 너무 많이 구우면 식은 후 딱딱해져요.

3 베이글 양면에 버라이어티 소스를 가볍게 펴 바른다.

4 베이글 바닥 면에 감자 스프레드를 패티 형태로 모양 잡아 올린다.

5 베이컨잼 → 베이컨 순으로 올린 후 뚜껑을 덮는다.

짭조름한 식사용

무화과잼 프로슈토 샌드위치

단짠의 샌드위치 재료로 아주 인기 있는 무화과잼과 프로슈토, 브리 치즈의 조합을 응용했어요. 책에서는 무화과 콩피로 은은한 단맛을 더했어요. 무화과잼은 최대한 얇게 바르는 게 좋아요.

INGREDIENT

샌드위치 1개 분량

- 플레인 베이글 1개
  (또는 올리브 치즈 베이글)
- 프로슈토 2~3장
- 무화과 콩피 2~3개 * 만들기 116쪽
- 브리 슬라이스 치즈 1장
- 시판 무화과잼 10g
- 마스카포네 치즈 25g
  (또는 리코타 치즈, 크림치즈)
- 루꼴라 15g(또는 로메인)
- 통후추 간 것 약간

HOW TO MAKE

1 베이글은 반으로 잘라 노릇하게 토스트한다.

2 베이글 바닥 면에는 무화과잼을 바르고 뚜껑 면에는 마스카포네 치즈를 바른다.

3 무화과잼을 바른 바닥 면에 루꼴라를 올린다.

4 브리 치즈를 올린 후 프로슈토를 볼륨 있게 올린다.

5 통후추 간 것을 뿌리고 무화과 콩피를 고르게 올린 후 마스카포네 치즈를 바른 뚜껑을 덮는다.

마스카포네 치즈

무화과 콩피

프로슈토

브리 치즈

루꼴라

무화과잼

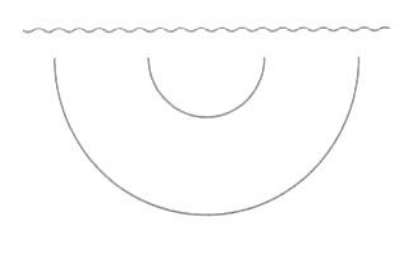

BONUS RECIPE 1

버섯 수프(레시피 161쪽)

그릴드 토마토 수프(레시피 162쪽)

베이글과 함께 먹기 좋은 수프 3종&베이글 활용

베이글은 맛이 심플해서 수프를 곁들여도 너무 맛있어요. 클래스에서 인기 있는 수프 3종을 소개합니다. 버섯 수프는 통후추 간 것, 그릴드 토마토 수프는 올리브유, 바질 감자 수프는 마늘 크루통과 바싹 구운 베이컨을 올리면 더 멋스러워져요.

베이글 러스크(레시피 164쪽)

바질 감자 수프(레시피 163쪽)
+ 마늘 크루통(165쪽)

수프 육수

INGREDIENT

완성 6컵 분량 / 냉장 7일, 냉동 1달

- 물 10컵(2ℓ)
- 양파 1/2개
- 당근 1/2개
- 대파(흰 부분) 1대
- 셀러리 1대
- 다시마(3×5cm) 2장
- 월계수 잎 1장
- 치킨 스톡(메기 액상스톡) 26g

1 바닥이 두꺼운 냄비에 치킨 스톡을 제외한 모든 재료를 넣는다.

2 중약 불에서 끓어오르면 뚜껑을 반 정도 걸쳐 덮은 후 45~50분 정도 뭉근하게 끓인다.

3 불을 끄고 치킨 스톡을 넣어 섞는다.

4 실온에서 30분 정도 식힌 후 고운체에 거른다.

버섯 수프

INGREDIENT

2~3인분

- 양송이버섯 100g
- 표고버섯 20g
- 감자 30g
- 양파 25g
- 수프 육수 250g * 만들기 160쪽
- 우유 70g
- 생크림 70g(또는 동물성 휘핑크림)
- 무염 버터 1/2큰술
- 에멘탈 치즈 16g
- 이탈리안 파슬리 1~2줄기(또는 타임)
- 다진 마늘 2~3쪽 분량
- 포도씨유 1/2큰술
- 소금 약간
- 통후추 간 것 약간

1 버섯, 감자, 양파는 얇게 채 썬다. 이탈리안 파슬리는 다진다.

2 냄비에 버터, 포도씨유를 두르고 불에 올려 버터가 반 정도 녹으면 양파, 소금(한꼬집)을 넣고 중약 불에서 양파가 투명하게 익을 때까지 볶는다.

3 버섯을 넣고 중약 불에서 노릇하게 될 때까지 볶는다.

4 다진 마늘을 넣고 가볍게 볶은 후 감자, 수프 육수, 이탈리안 파슬리를 넣고 중약 불에서 끓어오르면 4~5분 정도 익힌다.

5 생크림, 우유를 넣고 블렌더에 곱게 간다.

TIP 타임을 사용했을 경우 갈기 전에 건져요.

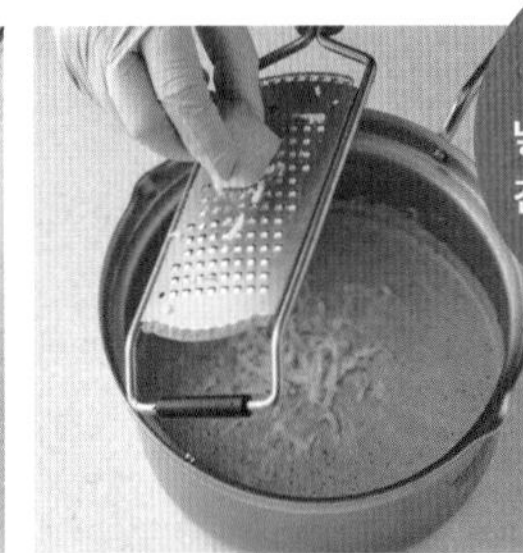

수프를 완성한 후 설탕을 한꼬집 넣어보세요. 음식의 간이 선명해져 한층 맛있어져요.

6 다시 냄비에 옮겨 치즈를 그레이터에 갈아 넣고 약한 불에서 전체적으로 한소끔 끓인다.

그릴드 토마토 수프

INGREDIENT

2~3인분

- 빨간 파프리카 1개
- 셀러리 30g
- 양파 40g
- 토마토페이스트(무띠) 15g
- 토마토홀 통조림 600g (산마리지아노품종)
- 설탕 15g
- 수프 육수 120g * 만들기 160쪽
- 생크림 120g(또는 동물성 휘핑크림)
- 무염 버터 1/2큰술
- 생바질 잎 2장(또는 냉동 바질)
- 파프리카파우더 2g(생략 가능)
- 다진 마늘 2쪽 분량
- 포도씨유 1/2큰술
- 소금 약간
- 후춧가루 약간

4등분한 파프리카를 200°C 오븐에서 15~18분 정도 구워도 돼요.

1 파프리카는 토치를 이용해 표면을 검게 그을린다.

TIP 파프리카를 태우면 당도가 올라가요.

2 볼에 ①을 넣고 랩을 씌워 10분 정도 식힌다.

TIP 태운 파프리카를 밀봉해두면 껍질을 쉽게 벗길 수 있어요.

3 셀러리, 양파는 얇게 채 썬다.

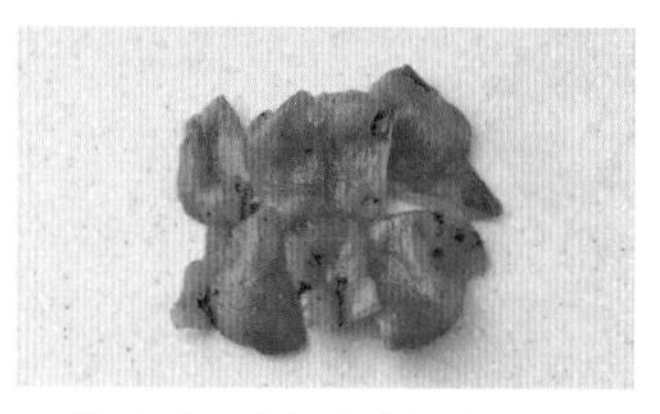

4 ②의 파프리카 껍질과 씨를 흐르는 물에 씻으면서 깨끗이 제거하고 적당한 크기로 썬다.

양파와 셀러리는 약한 불에서 최대한 잘 익혀야 맛있는 수프를 만들 수 있어요.

5 냄비에 버터, 포도씨유를 두르고 불에 올려 버터가 반 정도 녹으면 양파, 셀러리, 소금(한꼬집)을 넣고 약한 불에서 양파, 셀러리가 투명하게 익을 때까지 볶는다.

6 다진 마늘을 넣고 가볍게 볶은 후 파프리카, 토마토 페이스트, 소금, 후춧가루를 넣어 중간 불에서 30초 이상 볶는다.

TIP 토마토페이스트는 반드시 30초 이상 볶아야 시큼한 맛이 없어져요.

7 수프 육수, 생크림, 토마토홀, 설탕, 바질을 넣고 블렌더에 곱게 간다.

8 다시 냄비에 옮겨 약한 불에서 전체적으로 한소끔 끓인다.

바질 감자 수프

INGREDIENT

2~3인분

- 감자 180g
- 양파 20g
- 대파 28g
- 수프 육수 320~400g * 만들기 160쪽
- 우유 80g
- 생크림 50g(또는 동물성 휘핑크림)
- 무염 버터 1/2큰술
- 에멘탈 치즈 25g
- 생바질 잎 3장
  (또는 브로콜리나 아스파라거스 50g)
- 포도씨유 1/2큰술
- 소금 약간
- 후춧가루 약간

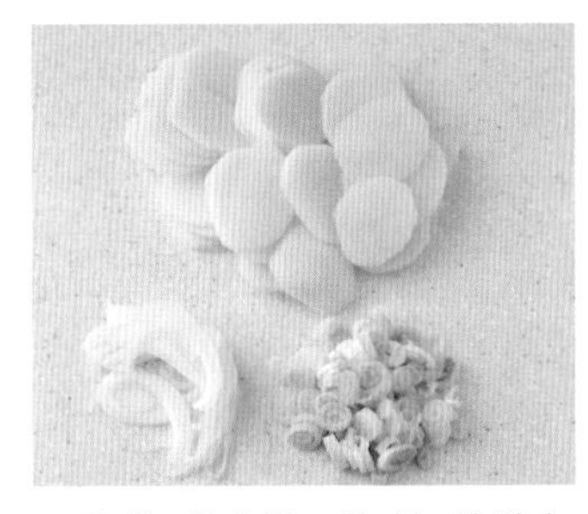

1 감자는 얇게 썰고 양파는 채 썬다. 대파는 송송 썬다.

2 냄비에 버터, 포도씨유를 두르고 불에 올려 버터가 반 정도 녹으면 양파, 대파, 소금(한꼬집)을 넣고 중약 불에서 양파, 대파가 투명하게 익을 때까지 볶는다.

3 감자를 넣고 중약 불에서 30초 정도 가볍게 볶는다.

4 수프 육수, 이탈리안 파슬리를 넣고 중간 불에서 감자가 익을 때까지 끓인다.

5 생크림, 우유, 바질을 넣고 블렌더에 곱게 간다.

TIP 바질 대신 브로콜리나 아스파라거스를 넣어도 좋아요. 브로콜리나 아스파라거스는 감자와 함께 볶아 사용해요.

6 다시 냄비로 옮겨 치즈를 그레이터에 갈아 넣고 약한 불에서 전체적으로 한소끔 끓인다.

베이글 러스크

INGREDIENT

베이글 3개 분량 / 상온 5~6일

- 베이글 3개
- 무염 버터 45g
- 꿀 20g
- 연유 20g
- 소금 1g

1 볼에 무염 버터를 넣고 전자레인지에 녹인 후 꿀, 연유, 소금을 넣어 잘 섞는다.

2 베이글을 최대한 얇게 썬다.

TIP 오래 되어 딱딱해진 베이글이나 입맛에 맞지 않는 베이글을 사용해요.

3 ①에 ②를 넣고 고루 묻을 수 있게 뒤적여 섞은 후 오븐팬에 간격을 두고 펼쳐 올린다.

4 160°C로 예열한 오븐에서 5~6분 정도 구운 후 뒤집고 다시 5~6분 정도 노릇하게 굽는다. 140°C로 온도를 낮춰 10분 정도 말리듯이 굽는다. 식힘망에 올려 완전히 식힌다.

TIP 완전히 식혀야 바삭해요.

마늘 크루통

INGREDIENT

베이글 4개 분량 / 상온 5~6일

- 베이글 4개

마늘 소스
- 무염 버터 70g
- 생크림 12g
  (또는 동물성 휘핑크림)
- 설탕 20g
- 연유 18g
- 마요네즈 19g
- 다진 마늘 18g
- 마늘가루 3g
- 레몬즙 3g
- 파슬리가루 1g
- 소금 1g

1 볼에 마늘 소스 재료를 모두 재료를 넣고 섞는다.

TIP 베이글 개수에 맞춰 소스 분량을 줄여도 돼요.

2 베이글을 사방 2cm 크기로 썬다.

TIP 오래 되어 딱딱해진 베이글이나 입맛에 맞지 않는 베이글을 사용해요.

3 마늘 소스를 중탕으로 녹인다.

4 ②에 ③의 소스 일부를 덜어 넣고 고루 묻을 수 있게 뒤적여 섞는다.

5 종이포일을 깐 오븐팬에 간격을 두고 펼쳐 올린다.

6 170°C로 예열한 오븐 또는 토스터기에 5~6분 정도 구운 후 뒤집고 다시 5~6분 정도 노릇하게 굽는다. 식힘망에 올려 완전히 식힌다.

TIP 완전히 식혀야 바삭해요.

BONUS RECIPE 2

당근 라페나 채소 마리네이드는 샌드위치 속재료로 넣거나 베이글을 먹을 때 사이드 메뉴로 곁들여도 좋아요.

당근 라페

INGREDIENT

완성 분량 약 500g / 냉장 30일

- 얇게 채 썬 당근 400g
- 소금 3g

절임 소스

- 화이트와인비네거 25g
- 꿀 22g
- 홀그레인 머스터드 12g
- 레몬즙 25g
- 포도씨유 15g
- 소금 1g

1 볼에 곱게 채 썬 당근, 소금을 넣고 골고루 버무려 30분 정도 실온에서 절인다.

2 물기를 가볍게 짜고 절임 소스 재료를 넣은 후 골고루 섞는다.

3 용기에 담아 하루 정도 냉장 숙성 후 사용한다.

TIP 당근이 두꺼우면 씹는 식감과 향이 너무 강하게 느껴지니 고운 채칼을 사용하는 게 좋아요.

TIP 올리브유 대신 포도씨유를 사용하면 냉장 보관 시 하얗게 표면이 굳는 현상을 방지할 수 있어요.

채소 마리네이드

INGREDIENT

냉장 2~3일

- 각종 채소 약 500g(가지 1개, 파프리카 1개, 양송이버섯 3~4개 분량)

마리네이드 소스

- 발사믹식초 30g
- 홀그레인 머스터드 15g
- 설탕 15g
- 꿀 15g
- 소금 약간
- 올리브유 30g

1 파프리카는 토치로 태운 후 비닐에 밀봉했다가 흐르는 물에 씻으면서 껍질을 제거하고 적당한 크기로 썬다. 가지, 버섯은 얇게 썰어 그릴 자국이 남게 굽는다.

2 마리네이스 소스의 올리브유를 제외한 모든 재료를 냄비에 넣고 중약 불에서 끓어오르면 완전히 식힌 후 올리브유를 섞고 ①에 붓는다.

TIP 마리네이드는 바로 사용해도 돼요.

베이글 홀릭

BAGEL HOLIC

1판 1쇄 펴낸 날 2024년 12월 4일

편집장 김상애
디자인 임재경
사진 박형인(studio TOM)
기획 · 마케팅 내도우리, 엄지혜

편집주간 박성주
펴낸이 조준일

펴낸곳 (주)레시피팩토리
주소 서울특별시 용산구 한강대로 95 래미안용산더센트럴 A동 509호
대표번호 02-534-7011
팩스 02-6969-5100
홈페이지 www.recipefactory.co.kr
애독자 카페 cafe.naver.com/superecipe
출판신고 2009년 1월 28일 제25100-2009-000038호

제작 · 인쇄 (주)대한프린테크

값 21,000원

ISBN 979-11-92366-45-6